全国农业职业技能培训教材

“为渔民服务”系列丛书　　科技下乡技术用书

全国水产技术推广总站·组织编写

淇河鲫鱼生态养殖综合技术

何军功　主编

海洋出版社

2017年·北京

图书在版编目（CIP）数据

淇河鲫鱼生态养殖综合技术/何军功主编. —北京：海洋出版社，2017.6
（为渔民服务系列丛书）
ISBN 978-7-5027-9796-6

Ⅰ.①淇… Ⅱ.①何… Ⅲ.①鲫-淡水养殖 Ⅳ.①S965.117

中国版本图书馆 CIP 数据核字（2017）第 130726 号

责任编辑：朱莉萍　杨　明
责任印制：赵麟苏
海洋出版社　出版发行
http：//www.oceanpress.com.cn
北京市海淀区大慧寺路 8 号　邮编：100081
北京朝阳印刷厂有限责任公司印刷　新华书店发行所经销
2017 年 6 月第 1 版　2017 年 6 月北京第 1 次印刷
开本：787mm×1092mm　1/16　印张：13.75
字数：185 千字　定价：42.00 元
发行部：62132549　邮购部：68038093　总编室：62114335
海洋版图书印、装错误可随时退换

“为渔民服务”系列丛书编委会

《淇河鲫鱼生态养殖综合技术》
编委会

主　编： 何军功

副主编： 李斌顺　李学军　李红岗　魏明伟　杨　起
卢伯承　孙璐君　胡军娜　黄　红　李　岩

参　编： 肖　霞　庞显炳　赵文武　魏志萍　张　珍

前　言

中国的水产养殖历史悠久。在长期的养殖生产过程中，积累了丰富的生产经验。但由于我国长期处在封建和半封建殖民地社会，生产关系严重制约了生产力的发展，水产养殖业的发展更是缓慢。

新中国成立后，党和政府制定并出台了有关水产养殖业发展的方针和政策，水产工作者在对我国劳动人民宝贵的水产养殖经验总结的基础上，提出了“八字精养法”，又先后攻克了鲢、鳙鱼人工繁殖技术，苗种上有了保障，极大地促进了我国水产业的发展。但我国人口众多，基础差，底子薄，温饱问题始终是我国经济社会发展中的首要问题。在很长的一段时间内，如何提供更多的水产食品，满足人民群众的膳食要求，是水产人不懈的追求目标。

随着我国改革开放的不断深入，水产品通过捕捞、养殖并举等多种手段和措施，水产品市场供应量逐年增加。特别是良种选育与推广、集约化高密度精养技术在生产中广泛应用，市场水产品供应数量越来越多，已出现了供大于需的局面，有效地解决了人民群众“吃鱼难”问题。目前我国正步入小康社会，人民群众对膳食出现新的要求，从“吃上鱼”向“吃好鱼”方向转变。集约化的养殖模式，也给水体环境造成了很大的负面效应，水体富营养化现象越来越严重。蓝天碧水，美丽家园被我国政府高度关注。

水产业为了适应新形势下可持续发展要求，大水面投饵网箱养殖、池塘高密度集约化养殖模式已不适应水产行业健康可持续发展需要，所以已被逐步减少，取而代之的是环境友好型的养殖方式，如健康生态养殖、工厂集约化的养殖、池塘标准化养殖方式。从根本上减少对养殖水体环境的污染，提升水产品品质，让人民群众吃上安全、放心、优质的水产品。水产养殖要做到既保障吃好鱼又保护环境，形成和谐共生，所以大力推广健康生态养殖模式是水产养殖行业可持发展的必然趋势。

淇河鲫鱼为自然三倍体鱼类，个体大，型椭圆，颜色金黄，肉质细腻，营养丰富，并含有多种维生素和人体需要的氨基酸。据验证，淇河鲫鱼具有调中益气、壮阳祛湿、解毒保肝、防止衰老、美容养颜之功效。其营养价值和食用价值逐步被消费者认可，市场需求量不断增大，销售和效益良好。是河南省重点推广的名特优水产品种之一。近年来，淇河鲫鱼需求量不断扩大，野生资源逐步减小，价格不断攀升，养殖已成为市场供给的主要渠道。健康生态无公害养殖技术的广泛推广与应用，显得非常迫切。本书借鉴和汲取了多年实践养殖经验，概括总结了淇河鲫鱼生态无公害养殖技术，重点从淇河鲫鱼选育、人工繁殖、科学管理、疫病防治、生态健康技术等方面进行了详细的阐述。但由于我们对淇河鲫鱼生态健康养殖技术研究水平有限，书中不足之处在所难免，出现的不足与不当之处，敬请读者提出批评和宝贵建议，以便在重印和修订时进一步完善。

编者

2016 年 8 月

目　录

第一章
淇河鲫鱼概述

在太行山区，有一条被称为豫北地区唯一一条没有受到污染的河流，它就是淇河。淇河发源于山西省陵川县方脑岭，经辉县、林州、鹤壁、浚县，至淇县淇门入卫河，全长161千米，其中林州五龙镇罗圈村以上83千米河段为季节性河流。

淇河在水文地质上多属奥陶系灰岩石溶裂隙水，活泉较多，尤其以林州段为最。这里密布的温泉，使淇河河水的温度在最寒冷的冬季，仍在10℃以上。独特的地质环境和优越的水质，孕育了闻名于世的淇河鲫鱼、缠丝蛋、冬凌草，世人常将其称为“淇河三珍”。

淇河在临淇盆地河床较宽，两岸土地肥沃，河床水草丛生，河水清澈，水流缓慢，粗砂，卵石底质，环境适宜，且河水流经的每个村庄，几乎村村有坝，形成100~300亩[①]大小不等的水潭，为淇河鲫鱼天然索饵、越冬、繁殖、生长提供了得天独厚的优越场所。

2007年，农业部将淇河林州段批建为淇河鲫鱼国家级水产种质资源保护

---

① 亩为非法定计量单位，1亩≈666.67平方米。

区，从此，保护淇河、保护淇河鲫鱼步入正式轨道，进入了保护淇河鲫鱼、发展淇河鲫鱼产业新时期。2013 年，农业部又在淇河鹤壁段建立了淇河鲫鱼国家级水产种质资源保护区。在短短的 161 千米的河段内，农业部就批准建立了两个淇河鲫鱼国家级水产种质资源保区，可见国家对淇河、淇河鲫鱼是多么的重视。

第一节　淇河鲫鱼生物学特性

淇河鲫鱼（*Carassius auratus* gibelio var Qihe），产于淇河，俗称“双背鲫”，属鱼纲（Pisces），鲤形目（Cypriniformes），鲤科（Cyprinidae），鲫属（Carassius），鲫种、鲫指名亚种（*Carassius auratus auratus*），属自然三倍体鱼类，行雌核发育（图 1.1）。淇河鲫鱼剖面图见图 1.2。

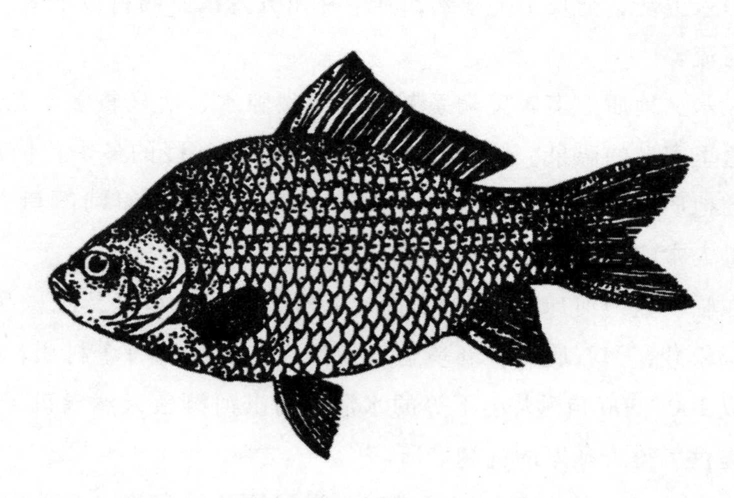

图 1.1　淇河鲫鱼

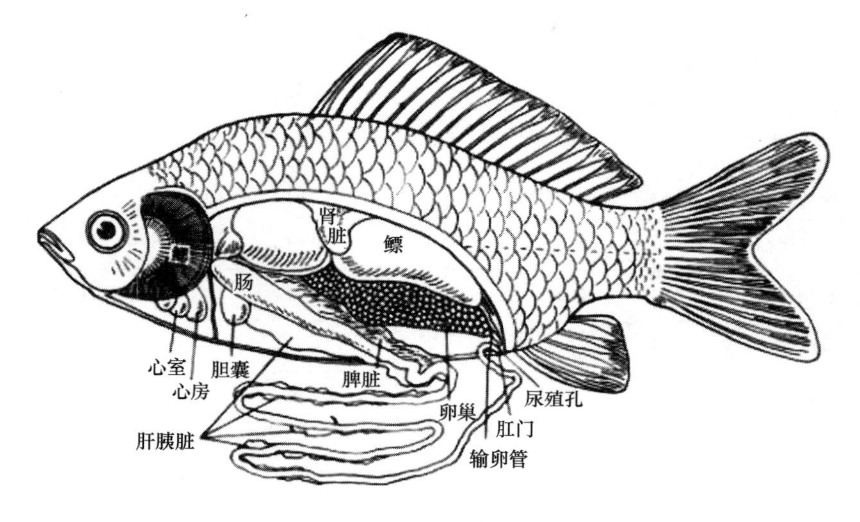

图 1.2 淇河鲫鱼剖面图

一、形态特征

淇河鲫鱼体高背厚，腹圆，头小，吻钝，无须；尾柄长小于尾柄高。体色随栖息环境的不同而有变化，在淇河温泉段背部两侧呈金黄色；在清水水草河段为灰黑色，腹部灰白色，各鳍均为灰色。

1. 比例性状

淇河鲫鱼的比例性状见表 1.1。从表中可以看出，雄鱼相对体高、背鳍基长及眼径等，大于雌鱼；雌鱼的尾柄长、体厚及胸、腹鳍间距长等，大于雄鱼。众数体长为体厚的 4.5~4.8 倍，体长为体高的 2.4~2.7 倍。由于脊背较肥厚，当地称为双脊鲫。

表 1.1 可比性状

比例性状	变幅	平均	一般
体长/体高	1.80~3.10	2.54	2.40~2.70
体长/头长	2.29~4.82	3.51	3.40~3.80
体长/尾柄长	4.0~10.36	4.61	4.1~6.8
体长/背鳍基长	2.21~3.23	2.71	2.6~2.8
体长/胸腹鳍间距	2.2~6.2	3.88	3~4.5
头长/吻长	2.3~4.0	3.88	3.2~3.8
头长/眼径	3.37~7.1	4.26	4.0~4.0
体长/体厚	4.03~7.09	4.0	4.5~4.8
头长/眼间距	1.88~4.0	2.54	2.4~2.7

2013 年 4 月，黑龙江水产研究所又在淇河林州段中采集 85 尾淇河鲫鱼，并对体质量和可数性状间开展了通径分析，显示体高、体宽和背鳍基长这三个性状对于体质量的影响达到了极显著水平，这一结果也同淇河“双背鲫”具有明显的生长优势相吻合。

2. 可数性状

包括背、臀鳍条、侧线鳞、鳃耙、脊椎骨和下咽齿可数部。由表 1.2 可以看出：臀鳍 3，5 和下咽齿 4/4 的性状是很稳定的。背鳍条 4，16~18，一般为 4，17；侧线鳞 26~30 5~7/4~7，一般为 28~29 5~7/4~7，鳃耙数外侧为 44~46，内侧为 50~54。雌雄个体之间无显著性差异。

表 1.2 淇河鲫鱼的可数性状

可数性状	变幅	平均	一般
背鳍条数	4，16~4，18	4，17	4，17
臀鳍条数	3，5	3，5	3，5
侧线条数	26~30 5~7/4~7	28 5~7/4~7	28~29 5~7/4~7
鳃耙外侧/内侧	42~50/47~61	45/52	44~46/50~54
脊椎骨数	28~30	29	29
咽齿式	4/4	4/4	4/4

3. 淇河鲫鱼与银鲫的形态性状比较（表 1.3）

表 1.3 淇河鲫鱼与银鲫的形态性状比较

项目	淇河鲫鱼		银鲫	
	范围	平均	范围	平均
全长（毫米）	110~320		90~350	
标准长（毫米）	90~270		71~280	
体重（克）	70~900			
背鳍条	Ⅲ，16~18	Ⅲ，17.4	Ⅲ，16.5~19	Ⅲ，16.9
臀鳍条	Ⅲ，5	Ⅲ，5	Ⅲ，5	Ⅲ，5
侧线鳞	29~33 6/6	31 29~32	6~7/4.5~6.5	30.4
鳃耙	45~56	48.94	43~53	48.2
头长/标准长（%）	24.32~29.41	27.77	25~30.76	27.93
体高/标准长（%）	41.36~53.47	46.48	40.81~52.63	46.29
尾柄长/标准长（%）	10.06~14.1	13.64	10.86~14.7	12.56
尾柄高/标准长（%）	14.79~18.86	17.83	12.26~19.6	17.27

注：引自伍献文等。

淇河鲫鱼各性状值均符合银鲫（*Carassias auraus* gjbelio）的分类特征。自20世纪80年代发现了方正银鲫雌核发育的特性后，有研究指出淇河鲫鱼也是雌核发育三倍体鱼类，因此学者们习惯将淇河鲫鱼称为银鲫，但根据近年来的研究发现，鱼倍性不能作为鲫属鱼类的分类的依据，而一些可数、可量性状才是分类的重要依据。淇河鲫鱼属于鲫属、鲫种、鲫亚种。

4. 淇河鲫鱼与普通鲫鱼体色比较

淇河鲫鱼在淇河由于栖息环境的差异，体色稍有不同。生活在活泉和水草多的地方，背部侧线鳞为金黄褐色稍带绿色，侧线下至腹部为银白稍带黄头背部为黄褐色带青色，鳃盖铁灰色，口部、胸部、腹鳍为肉红色，背鳍、尾鳍为灰色。生活在水草少的地方，体色发暗。普通鲫鱼一般鳞色灰黑，淇河鲫鱼色则略呈金黄，和鲤鱼相似。

二、淇河鲫鱼细胞生物学特征

1. 细胞染色体数目

细胞染色体的确定采用肾细胞体短期培养法，制备染色体标本，在细胞中期分裂相计数50个以上细胞而确定其染色体数目。据测定，其染色体数目为162，相对于普通鲫鱼（$2n=100$）为自然三倍体鱼类。

2. 红细胞及其核的大小

淇河鲫鱼红细胞及其核的长径分别较普通鲫的红细胞及其长径平均长39.2%和46.5%。

3. 淇河鲫克隆系

用15个微卫星标记在85尾淇河鲫均获得清晰、稳定的条带。微卫星分析结果显示：85尾样品全部为三倍体个体，共能分出21个克隆系，每个克隆系的个体数为1~21个不等。

三、繁殖生物学特征

淇河鲫鱼为自然三倍体鱼类，能自行雌核发育，后代可保持淇河鲫鱼的优良性状。

第二节　淇河鲫鱼生态习性

一、生活习性

淇河鲫鱼为底层鱼类，喜栖息于河流底层的静水处或有水草密生的浅水区。对环境的适应性较强，耐低氧，在北方均可较好地生活。

二、食性

根据一年四季检查肠管充塞度，发现淇河鲫鱼终年摄食，通过食性分析，可以看出淇河鲫鱼对食物选择性不强，植物性食物有硅藻、丝状藻、高等维管束植物，植物种子、植物碎屑；动物性食物有枝角类、桡足类、水生昆虫及螺、虾等。硅藻、丝状藻、植物碎屑是淇河鲫鱼的主要食物，出现率分别为100%、71.6%、84.75%，其次是眼子菜、苦草、菹草、虾、螺。

据对85尾淇河鲫鱼解剖测量结果，发现肠管长度随体长的增加而增长，肠管长度一般为体长的3.43~4.70倍，而且肠管长度与食性有密切关系。肠长为体长的4倍以下几乎全食硅藻和碎屑，肠长为体长的4倍以上食各种水草、植物种子、丝状藻、枝角类等。

淇河鲫鱼是以植物性为主的杂食性鱼类，自然条件下，春、夏、秋以摄食植物性食物为主，冬季则以摄食浮游动物、水生昆虫等动物性食物为主。在淇河中的淇河鲫鱼冬季摄食强度较弱，春季随着水温的逐步升高，当达到

10℃以上时，摄食强度明显增强。在人工饲养的条件下，则以摄食人工投喂的配合饲料为主。

三、繁殖习性

对在淇河中捕获的淇河鲫鱼性别进行鉴别，淇河鲫鱼“十鱼九母”，雌性多，雄性少，繁殖季节采到的淇河鲫鱼的雌雄比为16：1。

每年清明至谷雨期间，河流水温达16~22℃时，是淇河鲫鱼的产卵盛季。淇河鲫鱼既能在流动的河流中自然繁殖，也能在静止的水体如湖泊、池塘中自然繁殖；既能自然繁殖，也可人工催产。淇河鲫鱼1冬龄可达性成熟。据采集河里的标本观察，1—12月均有成熟的个体。其绝对怀卵量为32 658~78 688粒/尾，相对怀卵量变幅为200~210粒/克体重。产黏性卵，卵附着于水草之上，在水温18℃左右时约一周才能孵出鱼苗。

四、年龄与生长

普通鲫鱼生长速度慢，而淇河鲫鱼则生长速度快，为普通鲫鱼的2.5倍。淇河鲫鱼的年增长、生长比速、生长常数和生长指标列于表1.4，从表中可看出年龄增长率是比较快的。

表1.4　淇河鲫鱼的体长及生长指标

鱼龄	体长（毫米）	生长比速（%）	生长常数	生长指标
1	134.66			
2	167.3	41.74	52.4	39.47
3	187	13.44	12.02	11.34

表 1.5　不同水域鲫的推算体长与增长率

鱼龄	新乡北大河		汲县城湖		淇河	
	推算体长（毫米）	年增长率（%）	推算体长（毫米）	年增长率（%）	推算体长（毫米）	年增长率（%）
1	72.4	72.4	79.1	79.1	94.495	94.495
2	93.3	26.9	107.6	28.5	136.97	42.48

淇河鲫鱼生长较其他水域的速度较快，见表 1.5。

各年龄鱼的生长速度见表 1.6。可以看出，淇河鲫鱼在自然水域中 1~2 龄鱼的生长速度较快，与东北银鲫相比较，淇河鲫鱼无论是体长或体重的增长都处于领先地位。

表 1.6　各年龄鱼的生长速度

鱼龄	淇河鲫鱼			白鲫			东北银鲫		
	生长区域	体重（克）	体长（厘米）	生长区域	体重（克）	体长（厘米）	生长区域	体重（克）	体长（厘米）
1	淇河	110	13.8	日本霞溪甫湖	24	9.4	中国东北大伙房水库	24.9	9.0
2	淇河	241	18.3					90	13.4
3		361	21.1		358	23.5		153.3	16.6
4		900	27.6		800	28.2		286	19.8

淇河鲫鱼生长速度较普通鲫鱼具有明显的优势。在淇河中 1 龄淇河鲫鱼平均体重 110 克，2 龄淇河鲫鱼平均体重 250 克，3 龄平均体重达 370 克。在池塘养殖的条件下，淇河鲫鱼的生长速度一般受到鱼种放养密度、混养品种、

饲料品质与丰欠、水温及养殖管理等因素的影响。一般情况下，当年夏花可长至 50~150 克，第二年可达到 50~350 克以上，第三年即达 650 克以上。

淇河鲫鱼脊宽背厚，而且个大体壮。一般鲫鱼个小体轻，体重不超过 500 克左右。2015 年据在淇河中捕捞的吕庄村渔民反应，他在 4 月曾捕获到 3 000克的淇河鲫鱼一尾，而淇河鲫鱼记载最大个体是 2 500 克左右。由此可见，像淇河鲫鱼这么大的个体，当属绝无仅有，比较罕见。

第三节　淇河鲫鱼的营养价值及应用价值

淇河目前是豫北地区唯一一条没有被污染的河流，其水质清澈，环境优美。淇河也是一条文化底蕴深厚的河流，《诗经》中涉及淇河的记载非常多，淇河流域孕育出了中华最古老的文字——甲骨文，还是《周易》的发祥地，淇河文化源远流长。而在淇河中盛产的冬凌草、缠丝蛋、淇河鲫鱼，自古以来就被世人视为“淇河三珍”。尤其是淇河鲫鱼，早在封建时代就作为贡品，向皇帝进献，深受世人喜爱。

淇河鲫鱼的营养价值高，其可食部分的比重比方正鲫、白鲫 、鲫鱼高，淇河鲫鱼的蛋白质含量高于黄河鲤鱼、中州鲤鱼；淇河鲫鱼的脂肪含量低，蛋白质中氨基酸成分高而全，尤其谷氨酸含量较高 ，其肉厚质细，鱼鳃不苦，口味鲜醇。用淇河鲫鱼炖汤，汤汁乳白，而入口黏糊，久置而不变质。这是淇河鲫鱼久负盛名的原因所在。

淇河鲫鱼药用、科研价值高。据《本草纲目》和《中药大辞典》等我国医学文献记载 ，淇河鲫鱼具有强身益智，健胃补脾，催乳利尿、消炎止痢及延年益寿等多种功能，临床上用以治疗身体虚亏、智弱脾虚、水肿腹水、产后无奶和痢疾等多种疾病疗效甚佳。淇河鲫鱼属自然三倍体鱼类，有雌核发育的特殊习性，在鱼类科研上也极具研究价值。

1990年，淇河鲫鱼列入河南省重点保护珍稀野生动物名录。淇河鲫鱼也是河南省重点推广的“一条半鱼”中的一条鱼，之所以将淇河鲫鱼称之为“一条鱼”是因为它是河南省独有的地方物种，而“半条鱼”则是指黄河鲤鱼，因它是沿黄河九省市所共有。2014年5月7日，河南省人民政府办公厅印发《河南省人民政府办公厅关于推进“菜篮子”工程建设和加快现代渔业发展的意见》（豫政办〔2014〕47号）提出：“结合我省渔业资源优势，发展特色优势水产。”淇河鲫鱼就是重点打造的三大水产品种之一，可见淇河鲫鱼在河南省名特优水品种中所占地位的特殊性和重要性。

综上所述，淇河鲫鱼营养、科研、药用价值高，又是“淇河三珍”之首，古来之贡品，深受世人喜爱，是不可多得的“国之瑰宝，鱼中珍品”。

第二章
淇河鲫鱼繁殖技术

第一节　亲鱼培育

亲鱼的培育是人工繁殖苗种的基础，亲鱼培育的好坏，将直接影响繁殖的结果，而人工繁殖成功的关键，取决于亲鱼的发育程度。只有在亲鱼性腺充分成熟的基础上，结合催产剂进行催产，人工繁殖才会有好的效果。因此，要尽可能采取有效的措施、选用优质饲料进行强化培育，尤其是在春天水温刚达到 10℃时，就要特别重视亲鱼的培育工作，以期获得性腺发育良好、催产率高、怀卵量大、卵子质量好的亲鱼，为生产优质鱼苗提供物质保障。

一、亲鱼培育池

亲鱼池环境应该是进排水分开，排灌方便，四周无高大建筑物和大树等遮阴，向阳通风，环境安静，靠近产卵池，便于亲鱼搬运等。

每个亲鱼池配置 3 千瓦叶轮式增氧机一台，投饵机一台。有条件的要安装水质监控设备，监控项目包括温度、溶解氧、pH 值等；此外，应创造条件建设物联网，增氧机、投饵机、水质监测设施等与物联网连接。

亲鱼培育池每年要做好清整工作，塘埂整齐，底质平坦，挖除过多的淤泥，池底淤泥厚度不超过20厘米，使用生石灰彻底清塘，杀灭病原微生物，给亲鱼创造一个良好的生长和性腺发育环境。面积以1.5~2亩为宜，水深1.5~2米。水质清新，水源无污染，东西走向，塘埂无漏洞。池塘面积过大，会增加管理和捕捞的强度，增加拉网的次数，在操作过程中给亲鱼造成伤害。

亲鱼池放鱼量也不宜过多，一般每亩放养亲鱼可控制在150千克左右，雌雄分开放养。如果生产过程中无法一次进行全部催产，都会增加捕捞次数，人为增加了亲鱼伤害的概率。而且在多次拉网的过程中，导致部分性腺发育不好的亲鱼性腺退化，影响催产效果。

在多年的生产实践中，我们放养的淇河鲫鱼亲鱼量一般每个池子最多拉网两次就基本上不再从中选择亲鱼。当外界条件适宜时，一般第一次拉网捕捞淇河鲫鱼亲鱼，催产后的产卵率可达95%以上，产卵时间也比较集中；间隔5~6天，再次从这个池中进行拉网捕捞亲鱼，产卵率也可保持在80%以上，但应采取二次注射的方式进行催产。

二、亲鱼选择

淇河鲫鱼亲鱼来源于淇河鲫鱼国家级水产种质资源保护区。繁殖用亲鱼个体重至少应在250克以上，体格健壮，无疾病，无伤残，无畸形。选择淇河鲫鱼体型特征明显，体高背厚、尾柄高大于尾柄长、背鳍基较长的个体作为亲鱼进行专池培育。

三、亲鱼培育

1. 放养密度

亲鱼放养密度以每亩水面放养100~150千克为宜。亲鱼可以单养或混养（搭配鲢、鳙鱼种），但不宜同草鱼、鲤等吃食性鱼类混养。在生产实践中，亲鱼雌雄分养，便于掌握催产时间，获得较好的繁殖效果。

2. 分塘培育

淇河鲫鱼可在池塘中自行产卵，因而有必要将雌、雄亲鱼分开培育。一般在越冬过后，水温回升至10℃左右开始分塘，如分塘太迟，不利于亲鱼恢复体质。分塘时应将野杂鱼清除干净，以免引起诱产（图2.1）。

图2.1　分塘培育

亲鱼在培育的过程中（图2.2），可少量搭配鲢鳙鱼，以起到调节水质的作用。

3. 产后亲鱼强化培育

产后亲鱼体质十分虚弱，因此，保持安静的环境和投喂营养丰富的饲料对于恢复亲鱼体质尤为重要。每天投喂1~2次，总投喂量应为亲鱼体重的3%~5%为宜。具体投喂量应视亲鱼吃食情况和天气状况而定。考虑到亲鱼产后体质较差，应将亲鱼放在水质清新、环境安静的池塘内，注意做好池塘水质的消毒工作，投喂的饲料要是营养全面的配合饲料，可将豆粕或颗粒饲料定点投喂在食台上。待体质稍恢复，半月后可采用驯化投喂方法。

图 2.2　亲鱼培育

4. 秋、冬季培育

秋季是亲鱼育肥和性腺开始发育的季节，秋季培育是为亲鱼翌年产卵做好充分的物质储备，是常年培育中的关键，必须予以重视。投喂量可视亲鱼的食欲而定，日投喂量以鱼体总重的3%为宜。采用颗粒饲料驯化投喂，每天2~3次。水质需肥度适中，透明度35厘米左右，水质过瘦或过肥对淇河鲫鱼亲鱼的生长和性腺发育都会产生不利的影响。

冬季水温逐渐下降，亲鱼摄食强度随之减弱，但亲鱼仍能摄食育肥，在体内积累脂肪。但到后期，亲鱼摄食能力显著降低，应逐渐减少投喂量，根据水温的变化，日投喂量一般掌握在鱼体重量的0.2%~0.8%。如果天气好、无风、光照充足，日投喂量可适当增加。水面初见冰时，一般每周投喂1次，以豆粕或颗粒饲料为好。水面冰封时，应注意破冰增加水体中的溶解氧。亲鱼塘的水质在整个越冬期间，要保持一定的肥度，确保浮游生物量维持在一定的水平。

5. 春季和产前培育

随着大地温度回升，亲鱼的摄食强度也逐渐增强。此时，雌性亲鱼性腺的卵母细胞转入积累营养物质的大生长期，这一阶段的管理是亲鱼产卵前的强化培育，以促使亲鱼体内的营养成分大量转移到卵巢和精巢发育上，促进性腺发育成熟。投饵量可随着水温的升高而逐步增加，投饵率可控制在鱼体重量的2%~3%，投饵方法采用定点投饵法。如果条件允许，可以加投喂谷芽和麦芽等，增加维生素 E 的摄入量，促进亲鱼的性腺更好地发育。进入 3 月中下旬，每星期加水 1 次，每次加水 10~15 厘米，以刺激亲鱼性腺发育。

亲鱼培育过程是苗种生产的关键环节，因此管理工作非常重要，必须有专职管理人员负责，切实做好防止浮头、防病、防盗等项工作，并做好详细记录（图 2.3）。

图 2.3　检查亲鱼的生长情况

第二节　人工繁殖

在池塘中，淇河鲫鱼可自然繁殖，但由于产卵不集中，给苗种生产带来不应有的麻烦，因此生产上多进行人工繁殖。

一、产卵池的准备

产卵池一般应选择东西走向长方形，面积1~2亩，水深0.8~1.2米的池塘，池塘周围无高大的树木和建筑物，靠近管理房，且背风向阳、水源好、水质清新。亲鱼产卵前，应对池塘进行消毒处理，清除产卵池中的杂物，保持池底平整和池壁清整，便于拉网操作。常用的消毒方法有：

1. 生石灰干法清塘

排干池水，清除过多的淤泥，然后用生石灰100~150克/米^2，以少量水化成浆全池泼洒，第二天用耙耙一遍。隔日注水至1.0~1.2米，7天后试水放鱼。

2. 生石灰带水清塘

用生石灰在池边溶化成浆，均匀泼洒，使池水浓度达到200~250克/米^3，7天后试水放鱼。

产卵池在注水时要在注水口加密眼网过滤，尤其是干法清塘加水时，更要注意，以防野杂鱼等敌害进入。

二、催产亲鱼选择

成熟淇河鲫鱼亲雄鱼，个体以体重大于300克为好。在生殖季节，雌雄鱼的性别特征比较明显，雌性淇河鲫鱼亲鱼，腹部膨大而柔软，卵巢轮廓明显，生殖孔微红，轻压腹部常会有卵粒流出；雄性亲鱼腹部较为狭小，头部和胸部多有“珠星”，体表皮肤较为粗糙，挤压其下腹部常会有乳白色的精液流出。繁殖用亲鱼雌、雄性比以1∶1最佳，如雄鱼缺少时，雌、雄亲鱼性比以3∶1亦可。

为更准确地鉴别其成熟度，可用挖卵器挖卵检查。方法是：将特制的取卵器徐徐插入生殖孔内，然后向左或向右偏少许，向一侧的卵巢内深入2~3厘米，旋转几下抽出，即可取出卵粒，并将少量卵粒放在玻璃器皿中的透明液中观察。透明液有两种：一是95%乙醇5份，加洋醋酸1份混合，用此透明液应尽速观察，时间一长核也会透明；二是95%乙醇4份，加冰醋酸1份，松节油透醇4份混合，浸泡3分钟后，当卵质呈半透明而核尚不透明时，用肉眼观察。若卵粒大小一致、饱满、分散，全部或大部分卵粒的核位偏心或极化，则表明亲鱼性成熟好，其催产效果佳；若卵粒结块不分散，大小不一，白色的细胞核居于中央位置，则亲鱼成熟差，催产效果差；若大部分卵粒无白色的核出现，则多为退化卵，催产后不产卵，或产卵，但受精率和孵化率很低（图2.4）。

图2.4　检查鲫鱼的受精情况

三、催产剂

1. 催产剂种类

常用的催产剂有鲤鱼脑垂体（PG）、绒毛膜促性腺激素（HCG）、促黄体素释放激素类似物（LRH-A）和混合激素，等等。

2. 催产剂的制备

催产剂都要用注射用水溶解或制成悬浊液后才能使用，而用水量视亲鱼重量和注射部位、注射次数而定，一般每尾以1~5毫升为宜。在计算用药、用水量后，再加10%，以补充配置和注射时的损耗。绒毛膜促性腺激素、促黄体素释放激素类似物都易溶于水，可直接将注射液注入安瓿瓶中，溶解后吸入注射器中，根据需要再加入一定量注射用水稀释备用。

垂体一般使用性成熟的鲤鱼和鲫鱼，尤以产卵前的垂体质量最高。摘取垂体的操作方法是：用左手握鱼，头向前背向外，然后用拇指将鳃盖支开，用右手持垂体摘取刀（用10厘米左右的8号铁丝，将一端砸成舌状，略有弯曲即可），先将鳃盖剥离，然后将摘取刀插入蝶骨缝内，把蝶骨去掉，即可看到呈乳白色的脑下垂体，用摘取刀尖轻轻托出放在左手背上。然后将垂体洗去黏附的污血和污物，放到丙酮或酒精中，进行脱水、脱脂，进行保存。使用时，将鲤鱼脑垂体于研钵中研碎，加0.6%生理盐水调制成悬浊液，慢慢吸入注射器内。吸注射器时要带针头，以免吸进碎粒，注射时堵塞针头。

注射器皿在使用前要高温灭菌消毒。

3. 催产剂剂量

选用何种催产剂及剂量大小，必须根据具体情况来定。如在催产早期或水温低或亲鱼成熟度差的情况下，可采用脑垂体与促黄体素释放激素类似物配合使用，剂量适当增加；反之，适当减少。用于催产淇河鲫鱼的几种催产剂，其母本的有效剂量如表2.1所示，父本剂量一般为母本剂量的1/2。

表2.1　淇河鲫鱼人工催产的激素剂量

催产方法	PG（毫克/千克）	HCG（国际单位）	LRH-A（微克/千克）
方法一	1~2		1.5~3.0

续表

催产方法	PG（毫克/千克）	HCG（国际单位）	LRH-A（微克/千克）
方法二		500~1 000	1.5~3.0
方法三	1	300~500	1.0~2.0
方法四			4~6

四、催产方法

1. 注射方法

采用胸鳍基部注射（图 2.5）。根据亲鱼成熟情况和生产需要，通常采取一次注射或分两次注射，成熟好的亲鱼可一次注射；成熟较差的可分两次注射。采取二次注射时，先注射全剂量的 1/10~1/5，余下的全部由第二次注射进入鱼体内，再次注射时间间隔为 6~10 小时。在催产早期水温较低或亲鱼成熟度稍差时，分两次注射的效果较好。父本一般采用一次注射，即在母本进行第二次注射后即时为父本注射。为了减少工作量和避免两次注射给亲鱼造成较大的伤害，现在一般采用一次注射的方法，效果也比较好。

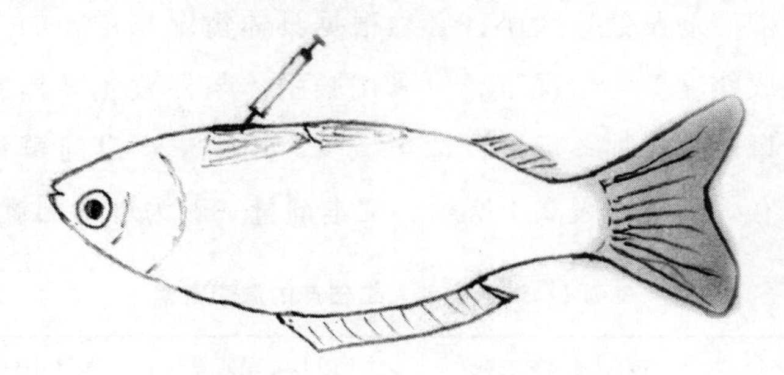

图 2.5　胸鳍基部注射示意图

2. 注射时间

注射时间的安排，尽可能方便工作又要与亲鱼的产卵特性相适应，淇河鲫鱼的注射时间一般选在下午 17：00 左右，第二次注射选在当晚 22：00 左右进行。这样，亲鱼多在次日早晨或上午进行产卵，有利于全天工作的安排。两次注射的时间间隔一般为 6~10 小时。这主要取决于亲鱼的成熟状况、水温及气候等因素，亲鱼成熟度差，间隔时间适当长些。采用一次注射时，一般在下午 18：00—19：00 进行。

3. 效应时间

亲鱼经过催产后，经过一定的时间，就会出现发情现象，这段时间称为效应时间。效应时间有长有短，这主要取决于水温，水温高效应时间就短，水温低效应时间就长。此外，影响效应时间还与注射次数、催产剂量种类和亲鱼成熟度有关；分两次注射的效应时间较一次注射效应时间要短。垂体和绒毛膜激素主要直接作用于亲鱼性腺，而促黄体释放激素类似物主要作用于亲鱼的脑下垂体，促使垂体分泌促性腺激素，进而作用于性腺。因此，注射垂体和绒毛膜激素的效应时间就短，而注射促黄体释放激素类似物的效应时间则较长。垂体中所含激素比单一的绒毛膜激素要全面，故注射垂体的效应时间也比绒毛膜激素短。淇河鲫鱼催产注射后效应时间如表 2.2 所示。

表 2.2　淇河鲫鱼催产注射后效应时间

水温（℃）	注射方法	发情效应时间（小时）	产卵效应时间（小时）
18~20	二次注射	（从第二次注射起） 10~12	（从第二次注射起） 10~12
13~17	一次注射		22~30
18~22	一次注射		10~14
23~27	一次注射		8~12

淇河鲫鱼亲鱼通常在二次注射5小时后，就应检查亲鱼是否发情、排卵。检查的方法是：将亲鱼腹部朝上（不拿出水面），轻压腹部两侧，如见卵子从生殖孔流出并散于水中，说明已排卵，可立即捞出亲鱼进行采卵，进行人工授精。对于尚没有排卵的亲鱼，则留于池中继续观察。当然，检查只是对采用人工催产而言，自然产卵的方式则不用对亲鱼进行检查。在生产中，由于亲鱼的体质和成熟度不同，加上受天气、水温等的影响，亲鱼的发情表现与排卵时间往往不同步。有的亲鱼看不到发情或效应时间未到而排卵，有的亲鱼到了效应时间却不能排卵，所以及时检查亲鱼是否排卵是至关重要的。

在水温18℃左右时，一般效应时间为10小时，淇河鲫鱼便出现发情现象。产卵高峰多在凌晨4：00—5：00，在岸边可听到雌、雄鱼追逐、摩擦交配时的击水声音，产卵可延续至上午8：00—9：00。

水温对效应时间影响较大，而且对鱼卵孵化也有较大的影响。水温在13~17℃时，尽管催产药物加大剂量，效应时间仍长达22~30小时，产卵过程持续8~15小时，催产率为75%。水温较低，难产和半产的亲鱼也较多，产出的卵子受精率也较低，仅有70%左右。水温在22~27℃时，效应时间为12~14小时，产卵过程持续2~4小时，催产率达90%左右，受精率为95%，孵化率为87%，均接近正常温度水平。

水流对亲鱼发情有激发作用。对于性腺成熟度较差的亲鱼，在发情前1~2小时冲水使催产池产生一定的水流，发情时间可明显缩短。但冲水时间一是不可太早，二是不可太大，以免亲鱼体力消耗太大，影响发情产卵。

五、人工授精

人工授精操作前，要将盛卵器皿擦干，准备好毛巾、鱼巢（图2.6）或脱粘器材。人工授精的方法有干法、半干法和湿法三种。

图 2.6 盛卵用的器皿与毛巾

1. 干法人工授精

首先分别用鱼夹子装好雌、雄鱼（图 2.7），沥去带水，并用毛巾擦去鱼体表和担架上的余水。并用手挤压雌鱼的腹部将卵挤入干净的的面盆中或大碗内，然后迅速挤入雄鱼的精液，并用手或羽毛搅拌 2~3 分钟，使精、卵充分接触，完成受精，然后将鱼巢放入盛水的大盆底部，将卵均匀地洒在鱼巢上，放入静水池塘中孵化（图 2.8）。

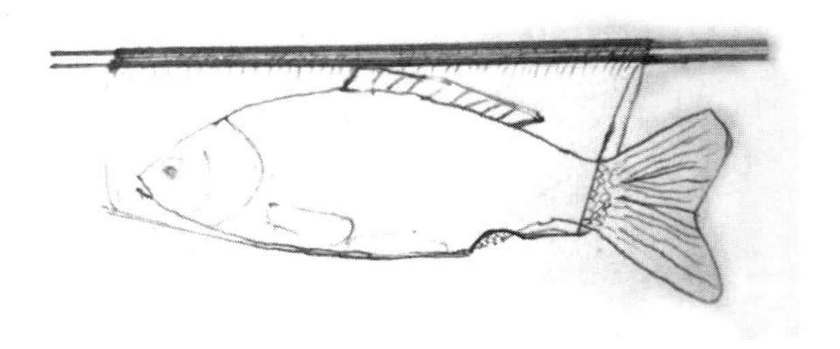

图 2.7 亲鱼与鱼夹子

图 2.8　用柳根制作的鱼巢

2. 半干法授精

与干法的不同点在于，将雄鱼精液挤入或用吸管由肛门处吸取加入盛有适量 0.85 %生理盐水的烧杯或小瓶中稀释，然后倒入盛有鱼卵的盆中搅拌均匀，最后加清水再搅拌 2~3 分钟使卵受精。

3. 湿法授精

先将精液挤入盛有 0.7%~0.9%的生理盐水的盆内，再将雌亲鱼的卵子挤入，用羽毛轻轻地搅拌混合精卵 2~3 分钟，使鱼卵受精。在操作过程中尽量不让雌鱼体上的水分进入盆内，以免稀释盆中的生理盐水而造成受精卵结块。在挤卵的过程中，应不断地挤入精液，以保证有足够的活力强的精子，以提高受精率。

生产中，淇河鲫鱼多采用干法和半干法人工授精。

4. 鱼卵脱粘方法

卵子脱粘的方法目前采用较多的是泥浆水脱粘法和滑石粉脱粘法。

(1) 泥浆水脱粘法

泥浆水脱粘法是将干黄泥或普通泥加水搅拌成浓度为10%~20%的泥浆水，然后用40目筛绢过滤，除去杂质等。脱粘时将人工授精获得的受精卵徐徐地加入到泥浆水中，并用羽毛轻轻搅动，10分钟后将卵和泥浆水一同倒入网箱中，洗去泥浆，即可将卵放入孵化设施中进行流水孵化。此方法成本低，材料易得，效果好。

(2) 滑石粉脱粘法

将100克滑石粉和20~30克氯化钠（食盐）混合于10升水中，仔细搅拌成滑石粉悬液，然后将受精卵徐徐地倒入滑石粉悬液中，每10千克悬液中可放卵1.5千克左右，边放卵边轻轻搅动，使卵子充分分散在悬液中脱去黏液，约20~25分钟左右，受精卵即可全部脱粘。搅拌完成后，用清水冲洗去悬液，然后准备人工孵化。

滑石粉价格不贵，市场上有售，用这种方法脱粘的鱼卵卵膜透明干净，而用泥浆脱黏的卵则较混浊。因此，提倡使用滑石粉脱粘。

5. 鱼巢制备与放置

在自然条件下，鲫鱼受精卵可黏附在水草、树根、卵石上孵化。在人工繁殖条件下，则必须专门制作鱼巢供淇河鲫鱼受精卵附着。制作鱼巢的材料要求质地柔软，多须，如水10天不发霉腐烂。目前生产上多用棕榈皮、聚乙烯网片、柳树根须等制作。制作前要水煮、浸泡消毒，然后晒干扎成束，每束的大小力求均匀，并一束束绑缚在竹竿或草绳上。每尾雌鱼准备2~3个鱼巢。鱼巢附卵后在池塘背风处采用平列式放置或悬吊式放置（图2.9），放置鱼巢的数量视产卵亲鱼的数量而定。

六、孵化

所谓人工孵化，就是将已受精的鱼卵，放入孵化工具内，在人为的条件

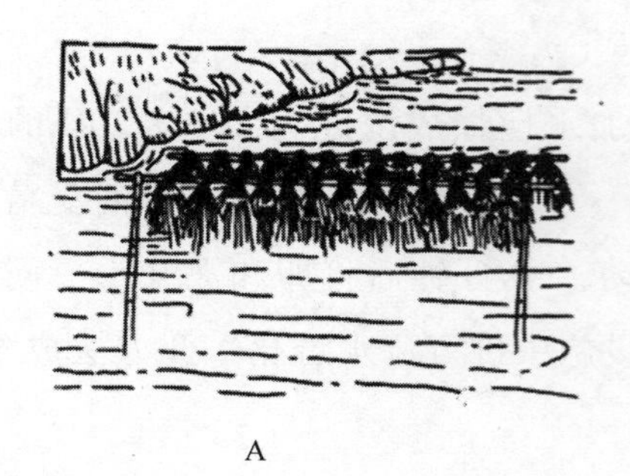

A

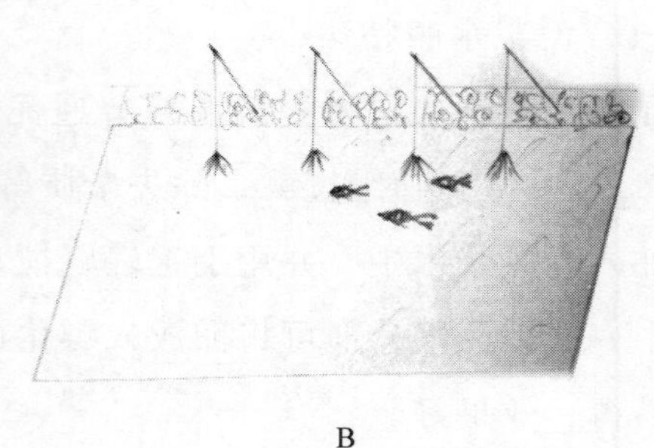

B

图 2.9　鱼巢的放置方式

A. 平列式；B. 悬吊式

下，使胚胎正常发育为鱼苗的过程。

1. 孵化设施

人工孵化设施，有孵化环道（图 2.10）和小型的孵化槽、孵化桶和孵化缸等。

（1）孵化环道

属于大型的孵化工具，其用砖、石、水泥、管道砌成的环形池子，有圆形、椭圆形等几种（图 2.11）。按环的数量，又分为单环、双环和三环三种。环道流速一般为 0.15～0.30 米/秒；双环时，外环流速比内环流速大。

（2）孵化槽

它是砖石砌成的长方形水槽，较大的长 3 米、宽 1.5 米、高 1.3 米。孵化槽多建在椭圆形环道的中心部位，和环道配合使用。

（3）孵化桶

用白铁皮焊接而成的漏斗形孵化器，进水管在漏斗的底部，桶的上端纱窗处出水，水流由下而上，鱼卵也跟着翻动。整个桶的容水量 0.2～0.4 立方米（图 2.12）。

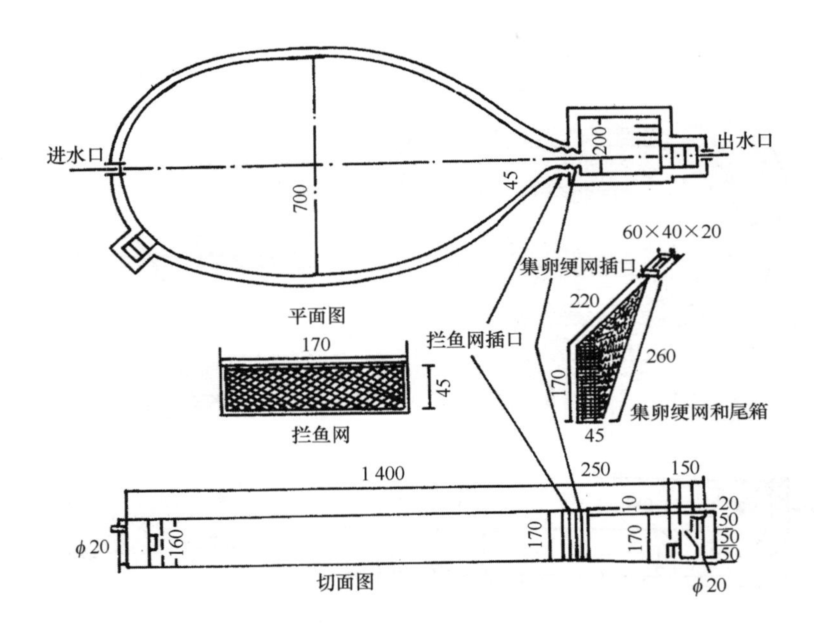

图 2.10 椭圆形产卵池（单位：厘米）

（4）孵化缸

它一般由水缸改造而成，水缸要形圆壁光，盛水量以 0.2 立方米左右为好。

2. 孵化方法

（1）脱粘流水孵化

孵化环道通常每立方米放 80 万～120 万粒卵，孵化槽一般每立方米放卵 120 万～180 万粒卵，孵化桶一般每立方米放 100 万～150 万粒卵，孵化缸一般每立方米放卵 100 万粒卵左右。水流速度控制在以浮起鱼卵不沉入水底为好，刚放入时，水流量可大些，随后可适当减缓，以能使卵粒冲起，使之均匀分布于水中。放卵密度大，水流可适当加大，保证水体中氧气充足供应。鱼苗出膜后，由于鱼的膘和胸鳍未形成，不能自己游泳，此时适当增大水的流速，

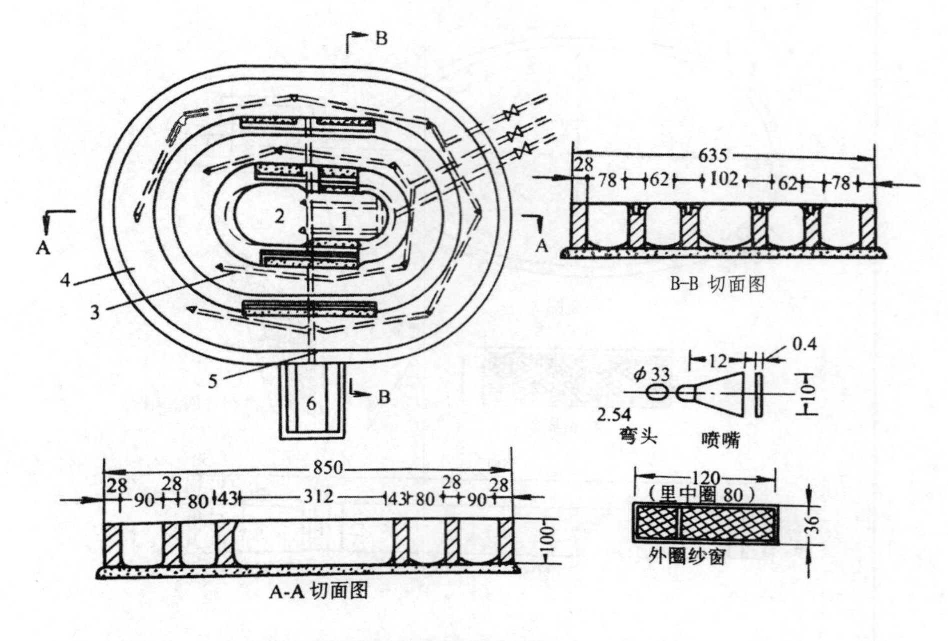

图 2.11　椭圆形孵化环道（单位：厘米）

1. 弧形部分的圆心；2. 中心孵化槽；3. 里圈环道；4. 外圈环道；5. 排水苗管；6. 出苗池

以免鱼苗沉入水底而窒息死亡。当鱼苗胸鳍出现，能活泼游动时，此时应减小水的流速，防止鱼苗过度顶水消耗体力，影响鱼苗的质量。

在孵化器内孵化的过程中，要勤洗纱窗，防止粘卵、粘苗以及卵膜、杂物等集聚堵塞纱窗，造成卵外溢。洗纱窗时，要用毛刷从背面操作，以免损伤鱼苗和鱼卵。

鱼苗出膜后，破碎的卵膜大量漂浮于孵化器内，使水质混浊，消耗水中的氧气，必须进行清除。清除的方法一是用网捞，二是用蛋白酶加速溶解，三是暂时停水。

刚孵出的鱼苗，全长 5~6 毫米，鳔尚未充气，消化道未通，鳍条分化不全，其他器官功能也尚不完善，不能自行摄食，完全靠自身的卵黄来提供营

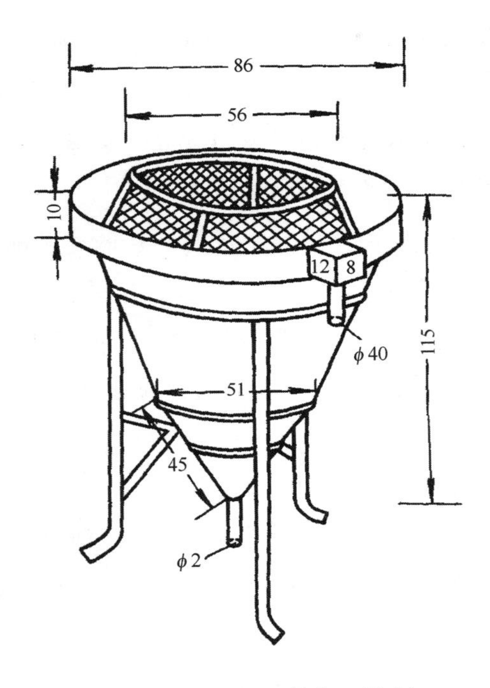

图 2.12　孵化桶（单位：厘米）

养物质，供其发育生长。鱼苗常悬附于孵化器壁上，随水翻动，有时作螺旋状上下游动。随着鱼体的发育，卵黄逐渐消失，鱼苗开始水平游动，并能主动摄食，进入混合营养阶段。此时，可将鱼苗移出孵化器，进入育苗池，投喂蛋黄。至鳍条和鳞片形成，即可发塘或运输，胚后发育即告结束。

（2）池塘静水孵化

生产中多采用池塘静水孵化。孵化池池底应平坦，较少淤泥，提前 10 天经生石灰清塘消毒，杀灭敌害生物及野杂鱼类。清塘后 7 天注入新水 50 厘米，经 2~3 天日晒，以提高水温。亲鱼产卵后，在上午 9：00 之前将粘满鱼卵的鱼巢经 20 毫克/升高锰酸钾浸泡 10~15 分钟左右移入孵化池。黏附卵的鱼巢可挂在池塘中避风向阳、离水面 10~15 厘米的水体中。每排鱼巢的间距以1米左右为宜。如遇气温突然下降，应将鱼巢沉到水深处。刚孵出的鱼苗尚无活动能力，多附着在鱼巢上，并以自身的卵黄囊为营养，因此不可将鱼巢取出，否则会使鱼苗沉入池底而易窒息死亡。待2~3天后鱼苗卵黄囊基本消失，能自动游离鱼巢时，才可将鱼巢取出。

鱼卵入池后第二天，向孵化池全池泼洒乳化的芝麻油渣，每亩水面20千克，培肥水质，以保证出苗后轮虫形成高峰。为保证鱼卵孵化不受干扰，泼洒芝麻油渣要避开鱼巢设置区。水温20℃左右，一般4天即可出苗，而从出苗到鱼苗离开鱼巢约需3~5天。孵化期间，应坚持早晚巡塘捕捉池内青蛙，并及时捞出蛙卵及杂物。

（3）受精率、出苗率

当鱼卵孵化6~8小时后，也就是鱼卵发育至原肠期，可用小捞海随机捞取鱼卵百粒，放在白瓷盘中用肉眼观察，将混浊、发白的卵或空卵分出计算，然后计算受精率。即：

受精率=受精卵数/（总卵数）×100%

受精率的统计在生产上有一定的实际意义，可初步估算鱼苗生产量，有利于计划生产。

出苗率就是下塘鱼苗数占受精卵的百分比，即：

出苗率=下塘鱼苗数/受精卵数×100%

第三章
淇河鲫鱼苗种培育技术

第一节　鱼苗培育

鱼苗培育，就是将鱼苗经过15~20天的精心饲养，养成3厘米左右小鱼的过程。刚孵出的鱼苗身体幼小，活动能力差，主动摄食能力低，要求有足够的适口饵料，对周围环境变化的适应能力较低，容易受到敌害的侵袭。如将其放入不便严格管理的大水面中去饲养，往往成活率较低，所以鱼苗培育阶段一定要在人工控制的良好环境中精心饲养管理。

淇河鲫鱼苗种的培育，也像四大家鱼一样，要经过乌仔、夏花、鱼种等培育阶段。刚孵出的淇河鲫鱼苗体长仅6~8毫米，称为水花、鱼花；经过15天左右的培育，全长1.5~2厘米时，称为乌仔；再经过10天左右的培育，全长达到2.5~3.3厘米时，称为夏花或火片；将夏花鱼种继续分塘稀养，再饲养3~5个月，长到10~20厘米的幼鱼，叫秋片；养至当年底，称为冬片；越冬后称为春片。它们统称1龄鱼种。在实际养殖过程中，鉴于淇河鲫鱼生长速度快，苗种成活率较高，也常将乌仔或夏花套入成鱼池中，适当减少淇河鲫鱼放养密度，当年直接养成成鱼。

一、鱼苗培育池

在鱼苗的饲养过程中，先后要经过数次拉网捕鱼，因此选择的鱼苗池最好是东西走向长方形，且塘形整齐、池底平坦，以便于拉网。放水前应平整池底，清除周围杂物，以便日常管理和拉网操作。鱼苗池应有充足的水源，且注水、排水方便；水源以井水为好，无污染的河水、湖、库水均可，进水口用窗纱过滤，防止敌害生物进入池塘。鱼苗培育池面积以1~3亩为宜，太小的鱼苗池，水温和水质受环境影响较大，难以控制；鱼苗池太大，水质肥度不易调节，饲养、管理、拉网操作不够方便；且塘面过于宽广，在风力的作用下游动能力小的鱼苗易受冲击损伤。

池塘静水孵化时，孵化池即鱼苗培育池。鱼苗培育池在培育过程中，要根据鱼苗的生长发育和水质变化情况，需要经常注水，以保持一定的水位，前期以0.5米左右为好，便于池水温度保持在较高水平。随着鱼苗个体长大，逐渐增加池水深度，后期应保持在1~1.5米，以增加鱼苗活动空间，有利生长。

调节水的肥度，改善水的化学状况，这对保证鱼苗良好的生长发育是一项很重要的措施，因此要培肥水质，保证鱼苗有足够的浮游生物供其摄食利用。

鱼苗培育池的池堤应牢固不渗水，若鱼苗池池堤不牢，易渗漏水，则水位不易保持，水质很难肥起来，不利于鱼苗生长。同时，渗漏形成的微弱水流会造成鱼苗成群结队顶水游泳，消耗鱼苗体力，影响鱼苗摄食，甚至会造成鱼苗死亡。

鱼苗培育池的池底应平坦，淤泥厚度适中。由于鱼苗池在培育过程中要不断地拉网扦捕，池底的平坦则有利于操作。池底保持10~15厘米淤泥，有利于对施入池塘中的肥料起吸附和转化作用，对池水肥度有所调节。不过，淤泥不宜过厚，否则池水容易老化，池底微生物多，消耗大量氧气，不仅对鱼苗的生长不利，而且很容易诱发微生物病。同时，造成拉网操作困难，极易搅浑池水，使鱼苗黏附淤泥而窒息死亡。

阳光照射强度大，鱼苗在生长发育过程中，只能摄食水中的浮游生物，而池中浮游生物的众寡，直接影响鱼苗的生长发育。浮游生物的生长，离不开阳光的照射，池塘中只有浮游植物多了，浮游动物数量也才能提高，否则水质将变成老水，对鱼苗生长产生不利影响。因此，鱼苗池应东西走向，四周不能有高大的树木和建筑物，避免遮挡阳光照射。

二、鱼苗培育池清塘处理

一般来说，鱼池经过一段时间的养殖，由于鱼类等水生动物的粪便、尸体以及残饵沉积于池底，经发酵分解后形成了淤泥，日积月累，越积越厚。淤泥过厚除了使养殖鱼类的生存空间变小外，还积累了大量有机物，分解时消耗大量氧气，导致水体下层长期缺氧；氨氮、亚硝酸盐、甲烷、硫化氢等有毒物质浓度过高，水质恶化，酸性增加，为病原体大量繁衍提供了非常适宜的场所。随着水温的不断升高，病原体就会从淤泥里源源不断地向水体中散发，鱼体一旦感染病原体，当鱼体免疫力低下时，受到病原体侵害的鱼体便会发病。做好池塘底质的改良，就显得尤为重要。在养殖过程中，通常采用底质改良剂来调节底质，优点是调节快，效果明显，缺点是容易复发。当然，也有采用微生态制剂如 EM 菌、光合细菌、芽孢杆菌来对底质水质进行调节的。经实践证明，最廉价、最彻底、效果最好的底质改良办法是清塘，清塘消毒可利用药物来杀灭水体中的野杂鱼、敌害生物、鱼类寄生虫和病原菌，改良水质和底质。清塘后，通过施用基肥和追肥，水质长期处于肥活嫩爽状态，对提高鱼苗在生长过程中少发生疾病具有很好的作用。在我国清塘主要采用的是药物清塘法，药物清塘法主要有以下几种，且清塘效果比较好。

1. 生石灰清塘

原理是生石灰遇水后发生化学反应产生氢氧化钙，并放出大量热能。氢氧化钙为强碱，其氢氧离子在短时间内能使池水的 pH 值提高到 11 以上，从而能迅速杀死野杂鱼、各种虫卵、水生昆虫、螺类、青苔、寄生虫和病原体及其孢子等。同时，石灰水与二氧化碳反应变成碳酸钙，碳酸钙能使淤泥变成疏松的结构，改善底泥通气条件，加速底泥有机质分解，加上钙的置换作用，释放出被淤泥吸附的氮、磷、钾等营养素，使池水变肥，起到了间接施肥的作用。通常，常用清塘方法有两种，即干法清塘和带水清塘，下面就分别介绍两种清塘方法操作及相关事项。

（1）干法清塘

先将池塘水放干或留水深 5~10 厘米，在塘底挖掘几个小坑，每亩用生石灰 70~75 千克，并视塘底污泥的多少而增减 10%左右。把生石灰放入小坑用水乳化，不待冷却立即均匀遍洒全池，次日清晨最好用长柄泥耙翻动塘泥，充分发挥石灰的消毒作用，提高清塘效果。一般经过 7~8 天待药力消失后即可以放鱼。

干法清塘时，如果淤泥厚度超过 10~15 厘米时，应先清除过厚的淤泥。

（2）带水清塘

对于清塘之前不能排水的池塘，可以进行带水清塘，每亩水深 1 米用生石灰 125~150 千克，通常将生石灰放入木桶或水缸中溶化后立即趁热全池均匀遍洒。7~10 天后药力消失即可放鱼。

实践证明，带水清塘比干法清塘防病效果好。带水清塘不必加注新水，避免了清塘后加水时又将病原体及敌害生物随水带入，缺点是成本高，生石灰用量比较大。不论是带水清塘还是干法清塘，经这样的生石灰清塘后，数小时即可达到清塘效果，防病效果好。

（3）生石灰清塘的优点

生石灰即氧化钙，与水反应，产生大量的热量，并短时间内使水的 pH 值升高到 11 左右，因此对水中的动物、植物和细菌有很强的杀伤力。同时，生石灰与水反应变成碳酸钙，对池塘起到施肥的作用。生石灰清塘主要有以下优点：一是能杀死残留在鱼池中的敌害生物，如野杂鱼、蛙卵、蝌蚪、水生昆虫、螺类、青苔及一些水生植物等。二是可杀灭微生物、寄生虫病原体及其孢子。三是能澄清池水，使悬浮的胶状有机物等凝聚沉淀。四是钙的置换作用，可释放出被淤泥吸附的氮、磷、钾等，使池水变肥；同时钙本身为动、植物不可或缺的营养物质，起到直接施肥的作用。五是碳酸钙能使淤泥结构疏松，改善底泥通气性，加速底泥中有机物的分解。六是碳酸钙与水中溶解的二氧化碳、碳酸根等形成缓冲作用，保持池水 pH 值稳定，始终处于弱碱性，有利于鱼类生长。

（4）生石灰清塘注意事项

一是使用的生石灰必须是块灰，遇水时能释放出大量的热量；若生石灰受潮与空气中的二氧化碳结合形成碳酸钙粉末，则不能用来清塘。二是池水硬度大，池塘淤泥多，会影响生石灰清塘效果，应增加使用量。三是池底为盐碱土质，池水 pH 值高，不主张使用此法。四是生石灰清塘的药物消失时间为 5~7 天，应待 pH 值降至 7.5 左右时放养。五是放养前必须进行试水。

2. 漂白粉清塘

漂白粉是次氯酸钠、氯化钙和氢氧化钙的混合物，为白色至灰白色的粉末或颗粒。其具有显著的氯臭，性质很不稳定，吸湿性强，易受水分、光热的作用而分解；能与空气中的二氧化碳反应，水溶液呈碱性，水溶液释放出有效氯成分，有氧化、杀菌、漂白作用。漂白粉清塘的特点：漂白粉能杀灭水生昆虫、蝌蚪、螺蛳、野杂鱼类和部分河蚌，防病效果接近生石灰清塘。漂白粉清塘具有药力消失快、用药量少、便于操作等优点，缺点是它不能将淤泥中的氮、磷、钾等营养物质置换进入水中，起不到施肥的作用。

漂白粉遇水释放次氯酸，有很强的杀菌作用。鱼塘使用漂白粉清塘时，每立方米水体用量为20克漂白粉（有效成分30%），也就是每亩平均水深1米的池塘，漂白粉用量为13.5千克。施用漂白粉时先将其加水溶化后，立即全池均匀泼洒，尽量使药物在水体中均匀分布，以增强施药效果。

施用漂白粉的注意事项：

第一，漂白粉应装在木制或者塑料容器中，加水充分溶解后全池均匀泼洒，残渣不能倒入池塘中。漂白粉不宜使用金属容器盛装，否则会腐蚀容器和降低药效。

第二，施用漂白粉时应做好安全防护措施，操作人员应戴好口罩、橡皮手套，同时施药人员施药时应处于上风处施药，以避免药物随风扑面而来，引起中毒和衣服沾染而被腐蚀。

第三，使用前要对漂白粉的有效成分进行测定，当漂白粉有效成分达不到30%时，应适当增加漂白粉施用量，当漂白粉已经变质失效，则应禁止施用。

3. 氨水清塘

氨水（NH_4OH）呈强碱性，高浓度的氨能毒杀鱼类和水生昆虫等。清塘时，水深10厘米，每亩池塘用氨水50千克以上，使用时可加几倍的塘泥与氨水搅拌均匀，然后全池泼洒。加塘泥是为了吸附氨，减少其挥发损失。清塘一天后向池塘注水，再过5~6天毒性消失，即可放鱼。氨水清塘后因水中铵离子增加，浮游植物可能会大量繁殖，消耗水中游离二氧化碳，使pH值升高，从而又增加水中分子态氨的浓度，以致引起放养鱼类死亡。因此，清塘后最好再施一些有机肥料，促使浮游动物的繁殖，借以抑制浮游植物的过渡繁殖，避免发生死鱼事故。

4. 茶饼清塘

茶饼含有7%~9%的皂角甙。皂角甙是一种溶血性毒素，可使动物的红细胞溶解，造成动物死亡。茶饼清塘能杀死鱼类、蝌蚪、螺、蚌、蚂蟥和部分水生昆虫。茶饼使用后，即为有机肥，能起到肥水的作用，尤其能助长绿藻的繁殖。茶饼清塘的剂量，通常为水深1米时，每亩用量为40~50千克；水深20厘米时，每亩用量为25千克。另外，具体用量应视杀灭对象而定，对钻泥的鱼类用量应大些。茶饼使用前先将茶饼打碎成粉末后加水浸泡一昼夜，使用时再加水全池均匀遍洒。

注意事项：茶饼清塘时对微生物病原如细菌等没有杀灭作用；虾蟹体内的血液是无色透明的，运输氧气的血细胞是蓝细胞，以杀灭鱼类的浓度无法杀灭虾蟹类；茶饼毒性消失时间为7~10天，放养前须先试水，确定水体无毒后再放苗入塘。

5. 高效消毒剂清塘

以溴氯海因、三氯异氰脲酸、漂白精等药物代替漂白粉清塘是发展的趋势。相比漂白精，溴氯海因、三氯异氰脲酸等清塘药物具有药效稳定、用量低、杀灭力强、使用方便、杀灭对象广等优点。

溴氯海因（清塘专用）：每亩水深1米用量1~2千克

三氯异氰脲酸：每亩水深1米用量4~5千克

注意事项：带水清塘时用药后最好能开动增氧机搅动池水，使药物在池中均匀分布，提高清塘效果。干法清塘（水深10~20厘米）时，药量减半使用。药性消失时间为5~7天，放养前应先试水。

6. 清塘效果比较

清除敌害及防病的效果：清除野鱼的效力，以生石灰最为迅速而彻底，茶饼、漂白粉等次之；但杀灭寄生虫和致病菌的效力以漂白粉最强，生石灰次之。茶饼对细菌有助长繁殖的作用，因此，用生石灰、漂白粉清塘，可以减少鱼病的发生。

对鱼类增产的效果：生石灰清塘，不仅可以改变鱼池底泥结构，加速有机物分解，变瘦塘为肥塘，而且生石灰本身还是很好的钙肥。生产实践证明，用生石灰清塘后，浮游生物生长快，相当于每亩施有机肥25~50千克的肥效，对饲养鱼类有很好的增产效果。

对大型水生生物的作用：生石灰和漂白粉除能杀死多数水生生物外，对藻类和一些柔软的水生维管束植物也有杀灭作用。

对浮游生物的作用：生石灰和漂白粉最初会杀死池中原有的浮游生物。生石灰清塘后4天或漂白粉清塘后2天，池中的浮游生物量就显著回升，漂白粉清塘后6天或生石灰清塘后8天达到高峰。茶饼清塘浮游生物量亦上升，但增长速度不大。生石灰清塘能始终保持浮游生物量在较高的水平，持久性亦长，漂白粉、茶饼次之。

与池水pH值的关系：初加生石灰时池水的pH值高达12以上，24小时内剧烈下降，以后缓慢下降，至9.4以下时浮游动物生长特别繁盛。漂白粉清塘后pH值略有增高，但与浮游生物消长的关系则还未找到规律。茶饼清塘后pH值没有什么变化。

三、培肥水质

1. 适时注水

池塘消毒后，注水时间在施肥前后1~2天，或在鱼苗下塘前5~7天注水。注水时一定要在进水口用尼龙纱网过滤，严防野杂鱼等混入池水。开始注水要少，池水深度以50~60厘米为宜。水浅易提高水温，节约肥料，有利于浮游生物的繁殖和鱼苗摄食生长。

注水时间不能太早，否则会滋生水生昆虫和蝌蚪；太晚了也会让鱼苗的饵料生物繁殖不起来。因此，注水时间一定要把握好。苗种池施肥一定要适时，要根据天气情况，在苗种下塘前3~5天施肥。

2. 适量施肥

注水后，立即在池塘施有机肥培育鱼苗适口的饵料生物，使鱼苗一下塘就能吃到充足、适口的天然饵料。有机肥在施用前一定要先经过发酵腐熟处理后再施用，若施粪肥，每亩150~250千克；若用大草绿肥，则应提前在鱼苗下塘前7~10天施用，每亩施150~200千克。施肥的方法是，堆于岸边向阳浅水处，离岸边1米左右施撒。也可施一半粪肥、一半绿肥，但应根据天气、水温、水色、浮游生物数量确定施肥量。一般来说，鱼池经清塘、注水、施肥后，各种浮游生物的繁殖速度、出现高峰的时间不同，大致顺序是：浮游植物和原生动物→轮虫→大型枝角类→桡足类等。池塘浮游生物繁殖的顺序和鱼苗食性变化顺序是一致的。

3. 轮虫高峰期维持

淇河鲫鱼入池时，全长6毫米左右，口吻较小，适口饵料为原生动物、轮虫和无节幼体等，因此施肥后应及时观察池水中浮游动物出现的种类。用容器取1毫升的池水用肉眼直接观察，轮虫在水中呈小白点，枝角类一般称为红虫，极易观察，桡足类在池水中游泳跳动较快。若能数出10个小白点，那么说明轮虫正在高峰期。鱼苗下塘时不宜有大型浮游动物，如有发现可在鱼苗下塘前2天，每立方米水体0.5克敌百虫予以杀灭，2天后池水里的轮虫即可繁育起来，此时放养淇河鲫鱼鱼苗最为适宜。由于轮虫数量多，藻类及大型浮游动物较少，所以对鱼苗生长最为有利。

四、适时下塘

淇河鲫鱼鱼苗放养时间极为重要，必须在池塘水体中轮虫量达到高峰时及时下塘。池中轮虫达到高峰时，每升水中轮虫应达到 5 000~10 000 个，生物量为每升水 20 毫克以上。在放养鱼苗前，还应注意清塘药物毒性是否消失。同时，用夏花拉网在塘内拉网一次，将清塘后短期内繁殖的大型枝角类和有害水生昆虫、蛙卵、蝌蚪等拉出清理出去，拉网的底网对淤泥有一定的搅动，也有利于轮虫冬卵上浮到水层以利于萌发。

鱼苗下塘时水色以黄绿色、淡黄色、嫩绿色或灰白色为好。水质过肥，浮游植物光合作用强，水中气体含量高，下塘鱼苗往往容易发生气泡病而成批死亡。

五、放养密度

鱼苗能水平游动，就应该及时下塘，如不能及时下调，也要对鱼苗进行暂养，以防止鱼苗吃不到食物造成体质差而死亡。鱼苗体质的好坏，对养殖效果影响较大，一般情况下，鱼苗体质好，养殖成活率就高。鱼苗体质的鉴定方法是：取少量鱼苗放在白瓷盘中，轻轻搅动水，鱼苗在逆水游为优质苗；顺水游、游动迟缓或在水底不动，均为劣质鱼苗。倒掉盘中的水，鱼苗剧烈挣扎，头尾弯曲成圈状，为优质鱼苗，而平卧盘底不挣扎的为劣质鱼苗。

鱼苗在入池前，要注意水温的变化，一般温差不宜超过 2℃，否则，要调水温后才能放养。淇河鲫鱼苗放养时，水温不能低于 15℃，而且同一池子中要放养同一批次、同一规格的鱼苗。要在天气晴好的上午从上风口放苗，放苗时要让鱼苗自然游入池水中。放苗前，应在放苗箱中泼洒蛋黄水，让鱼苗饱食后再下塘，以加强鱼苗下塘后的觅食能力，保证成活率。

通常，鱼苗放养量每亩水面 20 万尾左右，如池塘条件好，水源、饵料充足，有较好的饲养技术，每亩可放养 25 万~30 万尾。过密，会因饵料不足，造成生长缓慢，成活率低、规格不匀等现象；过稀，虽然鱼苗生长快，成活率高，规格均匀，但经济效益低，不能充分利用水体的生产能力。所以，掌握适宜的放送密度的鱼苗培育工作的关键之一（图 3.1）。

图 3.1　检查放养密度

六、管理技术

1. 豆浆培育法

鱼苗孵出后 3~5 天，采取芝麻油渣和黄豆浆混合培育，每天每亩水面泼洒乳化芝麻油渣 20 千克、黄豆 3 千克，经浸泡后磨成豆浆全池均匀泼洒 3 次。随着池水转肥，轮虫、枝角类形成高峰，停用芝麻油渣，每天每亩水面用黄豆 5 千克，磨成浆后全池泼洒。泼洒黄豆浆时应做到全池均匀泼洒，上午 8：00—9：00 和下午 14：00—15：00 满塘泼洒，四边也泼洒，中午再沿边泼洒 1 次，以保证分布在池塘各处的鱼苗均可获取充足的饵料。10 天后，鱼苗长至 1~1.5 厘米，改用黄豆粕浆，每亩每次用量 6 千克。视水质情况追施肥料。采用乳化芝麻油渣，每亩每次 20 千克，全池泼洒。

豆浆的制作：在水温 25℃时，黄豆在水中浸泡 5~7 小时，每千克黄豆可磨浆 20~30 千克。滤去豆渣后应立即泼洒，不能久放，也不能兑水，以免发生沉淀。一般情况下，每万尾淇河鲫鱼水花长成夏花用黄豆7~8千克。

2. 草浆培育法

草浆饲养法是用高速打浆机，将各种高产的水生或陆生植物打成浆，每天向苗种池中泼洒两次，每日每亩水面泼洒50~70千克。草浆含有丰富的营养，和豆浆一样，草浆一部分被鱼苗食用，而大部分则被细菌等微生物迅速分解，起到肥水的作用。草浆法饲养鱼苗，省料、省时、成本低，肥水效果好，鱼苗生长也健康。

随着鱼苗逐渐长大，为给鱼苗提供更大的活动空间，同时要改善水质，应定期加注新水。一般每3天加水1次，每次加水10~20厘米左右，在整个苗种培育期加水3~4次为好。加水应在晴天上午进行，如遇到阴雨天，则应停止加水。

鱼苗培育阶段只有短短的十几天，但这一时间段却非常关键，所以巡塘工作显得非常重要。应坚持每天早、晚各巡塘一次，巡塘时要密切关注鱼苗的生长动态，注意水质和水色的变化，清除蛙卵、蝌蚪及杂物，检查进水口情况和鱼苗生长情况。

做好池塘日志，记录当天的气温、水温、天气变化、加水、投饵、施肥、鱼苗生长等情况。

七、拉网锻炼

为便于夏花更快地生长，培育大规格鱼种，必须提早分塘。在鱼苗长至2厘米以上时就可以分塘饲养，鱼苗长至2.5~3厘米（称为夏花鱼种），如果继续在原塘中饲养，池鱼的密度已经很大，不仅饵料不足，且水质也会恶化，将会影响鱼苗生长。这时要进行拉网锻炼（图3.2），因鱼苗体质弱，第一次拉网要慢，网拉到池头经短时间的密集后即放开。隔天再拉第二网，密集锻炼后即可出塘，对外出售和分池稀养，进入鱼种培育阶段。

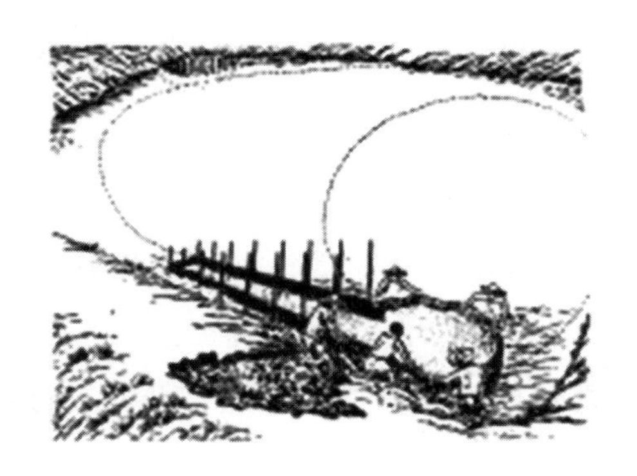

图 3.2　鱼苗拉网锻炼示意图

1. 拉网锻炼的方法

出塘前 2~3 天停止投饵施肥，选择晴天上午 10：00 左右拉网，将鱼苗围集网中，然后慢慢提起，使鱼群在半离水状态下稍微密集，时间约 10~20 秒钟，然后放回原池中；隔天，拉第二次网，再进行锻炼，鱼群密集后转入夏花网箱内。鱼群进入网箱后，稍息，即洗涤网箱，将污物和鱼群排泄的粪便洗掉。在网箱内密集约 2 小时，然后放回池中。鱼苗经过两次拉网锻炼，只能适应短途运输和转塘，如需长途运输，在两次密集锻炼之外，还要进行"吊水"。"吊水"的方法是，在第一天下午将已经拉过网锻炼的鱼苗重新拉出，移至瘦水池的网箱中过夜，约经 10 余小时，于次日早晨即可装运。所有的拉网过程，动作要快、要轻，所用的网具要柔滑，防止鱼体受到机械损伤。如遇天气不好和鱼浮头时均不能进行拉网锻炼，否则造成不必要的损失。不论在原池或吊水塘中锻炼夏花，都要有专人看管，防止发生事故。

为防止因拉网而对鱼体造成机械损伤，必须对鱼体进行密集消毒一次，方法是使用 3%食盐水进行泼洒。

2. 鱼体锻炼的作用

拉网使鱼受惊，增加鱼的运动量，促使鱼体鳞片紧密，肌肉结实，排出分泌物和粪便，增强体质和耐缺氧能力，减少对运输水质污染，提高运输成活率。同时，还可以去除野杂鱼、蝌蚪、水生昆虫等有害生物。

3. 分塘时注意事项

一是拉网分塘前要先停喂一天，因饱食的鱼耗氧量大，容易浮头，对拉网不利；二是池水浅的池塘要加深水位后再拉网；三是拉网速度要慢，防止水混合鱼苗贴网；四是鱼群要慢慢逆流入箱，及时清除网箱网衣上的杂草、污物，防止堵塞网眼影响水的通透性；五是醒鱼时，操作者要在网箱后端推动网箱徐徐前进，用人为的水流，使经过拉网和密集后的鱼种醒过来，推动速度应能使多数鱼逆流而上为准，对于滞留网箱后端体质较弱的鱼苗，要快速放回原池，以免窒息死亡；六是拉网要选择晴天的清晨进行，气压低、天气闷热、鱼类浮头、鱼苗有病期间都不可拉网锻炼。

4. 夏花体质鉴别

夏花鱼种的体质，主要从出塘规格、体色、活动情况三方面予以鉴别。出塘规格整齐为优质，反之为劣质；体色鲜艳、有光泽为优质，反之为劣质；行动活泼、集群、受惊立即潜入水底、抢食能力强为优质，反之为劣质。

八、苗种运输

淇河鲫鱼鱼苗、鱼种的运输方法与四大家鱼鱼苗、鱼种的运输方法几乎一样，有陆运、水运、空运。陆运有火车、汽车、自行车和肩挑等。水运有活水船和轮船运等。空运采用尼龙袋充气密闭运输，尼龙袋置于泡沫箱内。

路途较近的，可使用木桶。盛水 50 千克的木桶，可装运 600～1 000 尾；长途运输，则多采用尼龙袋充氧运输。尼龙袋的原料为聚乙烯薄膜，规格为 40 厘米×70 厘米，装水量为袋容量的 1/4～1/3，装鱼苗以每袋 10 万尾为宜，路途较远，则应酌情少装。如装运乌仔或夏花鱼种，一般每袋装 2 000 尾；

若装春花（冬片）鱼种（10~12 厘米），每袋装 300~500 尾。一般来说，在装运前先做试验，得出初步结果，再根据当时的气温、水温、运输距离、鱼体体质等因素合理装运，定会收到较好的效果。

长途运输苗种注意事项：

① 要制定运鱼计划，确定运输容器和运输工具，人员组织及中途换水等事项；

② 装运前两天要停食，进行锻炼，要求体质健壮，无病无伤，规格整齐；

③ 运输用水要选择无污染、水质清新的水，水温同池水温度基本一致；

④ 运输时间要尽量避开高温季节晴天中午、阴雨天和缺氧浮头严重时装鱼；

⑤ 检查尼龙袋有无破损漏气；

⑥ 要注意袋中装水适量，一般每袋装水 1/4~1/3，以鱼苗能自由游动为好；

⑦ 装鱼时要带水入袋；

⑧ 充气时要将尼龙袋压瘪排尽空气再充氧；

⑨ 充氧量以尼龙袋鼓起略有弹性为宜；

⑩ 扎口要紧，防漏水漏气，双层袋时，要先扎内袋口，再扎外袋口；

⑪ 将扎紧的袋子装入纸箱和泡沫箱中，置于阴凉处，防止阳光暴晒和雨淋；

⑫ 每袋最好加入 0.25 毫克四环素，可较好地防治鱼病；

⑬ 要调温放鱼，将运输到目的地的尼龙袋置于要放鱼的池塘中 30 分钟左右，然后解开袋口放苗入池。

第二节　淇河鲫鱼鱼种培育

鱼种培育，是指从夏花养成鱼种的过程。正常情况下，夏花适当稀养，当年可达120~150克，作为商品鱼上市，市场价格低，经济效益不高。随着集约化养鱼高产技术的推广和市场对淇河鲫鱼规格的要求不断增大，淇河鲫鱼多采取两年养成的方法，提高了上市规格，增加了经济效益，受到养殖者和消费者普遍欢迎。

一、鱼种池条件

鱼种池面积一般3~5亩，池塘以东西走向长方形为好，池塘四周无遮挡阳光与风的高大树木和建筑物。塘埂无渗漏，池底淤泥不超过20厘米。水深1.5~2.0米左右。水源有保证，水质良好，无污染，水质符合国家渔业用水水质标准。有独立的进、排水系统。池塘应配备有增氧机，一般每亩水面配置0.75千瓦叶轮式增氧机（底部微孔增氧机为最好），配备投饵机、水质实时监测设备，通过物联网联结。

二、鱼种放养前准备工作

用做养殖淇河鲫鱼的鱼种池需提前10天用生石灰100~150千克/亩进行清塘，并对池塘进行修整。然后注入新水50~60厘米。清塘方法与鱼苗池清塘方法相同。清塘后一周左右即可注水。注水时应用50~60目筛绢包扎水口，严防野杂鱼、蛙卵、蝌蚪、杂物等进入池塘。每亩施基肥200千克，新开挖的池塘应适当增加施肥量，保持水质肥活嫩爽。鱼苗池施肥，可培育丰富的浮游生物，为夏花鱼苗提供充裕的适口饵料，这是提高鱼种产量的重要措施。池塘注水后，要用密眼网连续拉网两次，拉出池中的蛙卵、蝌蚪后方可放养。

三、夏花鱼种消毒

放养前鱼种要经过鱼筛筛选，以使鱼种规格一致；同时，要剔除畸形鱼和野杂鱼。如外购的夏花鱼种，要注意鱼病的预防，避免把病带入塘中。放养前一般要对鱼种药浴消毒，浓度的大小、浸洗时间的长短，可根据选用的药物、鱼的体质强弱和水温高低适当增减。

1. 常用消毒药物

（1）高锰酸钾

用浓度为10~20毫克/升的高锰酸钾溶液药浴10~30分钟，可杀灭鱼体表及鳃上的细菌、原虫和单殖吸虫等，但不能杀死形成胞囊的孢子虫。

（2）漂白粉

含有效氯30%、浓度为10~20毫克/升漂白粉溶液药浴10~30分钟，可杀灭鱼体表及鳃上的细菌。

（3）食盐

浓度为3%~4%的食盐水药浴10分钟，可杀灭鱼体表及鳃上的一些细菌和原虫，但不能杀死形成胞囊的孢子虫。

（4）漂白粉和硫酸铜合剂

每1立方米水体中放漂白粉10克和硫酸铜8克，药浴10~30分钟，可杀灭鱼体表及鳃上的细菌和原虫，但不能杀死形成胞囊的孢子虫。

（5）硫酸铜或硫酸铜与硫酸亚铁合剂

用浓度为8毫克/升的硫酸铜溶液或硫酸铜与硫酸亚铁5∶2的混合溶液，药浴10~30分钟，可杀灭寄生在鱼体表及鳃上的原虫，但不能杀死形成胞囊的孢子虫。

2. 注意事项

① 上述几种药物使用时只能选一种即可。

② 使用高锰酸钾药液时不宜在太阳直射下进行。

③ 每次药浴鱼量不宜过多，以免造成缺氧。

④ 用药量要计算准确，因为一些能杀灭病原体的药物浓度接近于鱼类致死浓度，浓度太大，鱼的安全就不能保证；浓度太小，病原体又杀不死。所以，不能随意加大药液浓度和延长浸洗时间。

⑤ 药液要现配现用。

⑥ 药浴时，要用木制或塑料盆、桶配制药液，不要使用金属容器。

⑦ 药液配制后，只能药浴一批鱼，否则药液稀释，会影响消毒效果。

⑧ 药浴时间的长短与用药池塘的水温、水质以及鱼的品种有关，应灵活掌握。每次使用前，先取少量药液试验一下，以保证使用安全。

⑨ 浸洗鱼种时不能离人，并要注意观察，发现异常情况如浮头、窜游或翻肚时，要立即捞出下池，以防中毒死亡。

⑩ 操作仔细，勿伤鱼体。

要求放养的夏花鱼种，体格健壮、游动活泼、逆水能力强、鳞片完整、无病无伤。

四、肥水下塘

在施基肥 7~10 天后，饵料生物大量繁殖，此时正是夏花鱼种放养的好时机。如水质过瘦，鱼种势必生长缓慢，影响生长和成活率。放养时间一般在每年 5 月上旬。

五、放养规格和密度

夏花鱼种放养规格，要求个体大小均匀，避免刚入池即带来强弱竞食而影响成活率。一般放养2.5~3.3厘米的夏花鱼种15 000尾/亩，搭配混养鲢、鳙鱼夏花鱼种3 500尾/亩。为了减少搭配的夏花鱼种与淇河鲫鱼夏花鱼种争食，影响淇河鲫鱼夏花鱼种的出塘规格，搭配放养的鱼种应在淇河鲫鱼夏花鱼种入塘20天后再放养入塘。

六、饲养管理

1. 驯化投饵

刚入池的夏花鱼种，以黄豆粕为饲料，即将黄豆粕经粉碎机粉碎至粉状，投喂时用池水拌至手捏成团，撒开即散。刚投喂时，采取池塘长边定三个点，短边定一个点，逐渐向驯化投饵的位置引鱼，经半个月左右驯化，逐渐集中到一点，然后改用全价配合颗粒饲料。由于鱼种口裂尚小，选用粒径1毫米以下颗粒饲料，采用驯化投饵的方法，诱集鱼种到投饵场摄食。1个半月至两个月后，鱼种个体已长至15~20克，此时鱼种口裂已能吞食粒径为1.5毫米的饵料。经过驯化的鱼种已能集中到投饵场摄食，可见大量鱼种在食场抢食，但不如鲤鱼抢食凶猛，投饵量视鱼种吃食和天气情况而定，一般为鱼体重的3%~5%，生长旺季可达体重的7%。

2. 水质管理

（1）施追肥

放养前期，夏花鱼种除摄食颗粒饲料外，仍摄食浮游生物、底栖生物，特别是摄食大型浮游动物，如枝角类、桡足类；底栖生物，如摇蚊幼虫、水蚯蚓、昆虫等。因此，水质应保持一定肥度。在施足基肥前提下，施追肥的用量和次数视水质和天气情况而定。施追肥要采用量少多次的方法，一般要求每年7月、8月施有机肥，以后使用无机肥。一般每亩水面每次施畜粪肥40~50千克，但需经发酵或腐熟；追肥通常撒施，以便使其尽快发挥肥效。

鱼体长大后，投饵量增加，鱼所排出的粪便也随之增加，因而不必再施追肥。

（2）注水

注水对鱼种培育十分关键，一般 10 天注水一次，每次 10 厘米左右。池塘注水可以为逐渐长大的鱼种增加活动空间，同时增加池水营养元素，刺激饵料生物繁殖，还能改善鱼池溶氧状况，有利于鱼种增强食欲，促进生长。

（3）定期泼洒生石灰溶液

一般掌握在半月泼洒一次，泼洒量为每亩 10~20 千克。切记，一定要把生石灰化开，不能有任何细小颗粒，以免鱼种误食中毒，同时泼洒时要离开食场。

泼洒生石灰作用有两个，一是对鱼池进行消毒，二是调节池水的 pH 值，使其保持在中性偏碱状态。

（4）使用增氧机

使用增氧机除了通过搅水、曝气直接增加水体溶氧外，还可造成养殖水体对流，散发有害气体，防治水质恶化，促进浮游生物繁殖生长，从而改善水质，提高养殖产量。通常，使用叶轮式增氧机和底部微孔增氧机。

① 叶轮式增氧机

其作用有：一是增氧（图 3.3）。据测定，一般叶轮式增氧机每千瓦小时能向水中增氧约 1 千克左右，具体增氧效果与增氧机功率及负荷水面有关。二是搅水。叶轮增氧机有向上提水的作用，具有良好的搅水性能，开机时能造成池水垂直循环流转，使上下层水中溶氧趋于均匀分布，因此晴天中午开机，而傍晚不宜开机。三是曝气。增氧机的曝气作用能使池水中溶解的气体向空气中逸出，其逸出的速度与该气体在水中的浓度成正比，因此夜间和清晨开机能加速水中有毒气体如氨氮、硫化氢等的逸散。

叶轮式增氧机的有效使用：增氧机的使用应根据不同情况来掌握，目前生产上以使用 3 千瓦叶轮增氧机为主，对面积较大的池塘（超过 8 亩），功率

图 3.3　叶轮式增氧机增氧

负荷较大，实际增氧效果在短时间内不甚显著。因此最好夜间在池鱼浮头前开机，即在含氧量为 2 毫克/升左右，池中野杂鱼开始浮头时开机，这样可预防鱼浮头。阴天或阴雨天，浮游植物光合作用不强，造氧不多，耗氧因子相对增多，溶氧供不应求，这时须充分发挥增氧机的作用，及早增氧，改善溶氧低峰值，预防和解救池鱼浮头。

随着渔业科技的发展，微孔增氧技术正逐步运用到生产中去，而且显现出明显的优势。

② 微孔增氧装置（图 3.4）

是利用三叶罗茨鼓风机通过微孔管将新鲜空气从水深 1.5~2 米的池塘底部均匀地在整个微孔管上以微气泡形式溢出，微气泡与水充分接触产生气液交换，氧气溶入水中，达到高效增氧目的。它的特点有：一是增氧效果好。由于气泡通过超微细孔曝气，气泡与水的接触面大，接触时间长，增氧效率高、增氧效果好。二是底层水质改良好。水体底层沉积有大量的有机碎屑、生物尸体、粪便形成的腐殖质，腐殖质中含有大量的耗氧微生物，它的分解要消耗大量的氧气，导致底部往往成为缺氧的重灾区。因此，养殖水体中需要增氧，主要在水体的底层补氧。而微孔管曝气增氧则不像其他增氧方式是上层增氧，恰恰是水底增氧，通过充足的微孔曝气增氧，使底层中溶氧变得充足，那些微生物在有氧条件下发生氧化还原反应，将有害生物进行降解，促进了底层水质的有效改良。三是节约能源好。采用微孔管曝气增氧，氧的传质效率极高，使单位水体溶氧迅速达到 4.5 毫克/升左右，不到水车或叶轮增氧的 1/4 能耗，可以大大节约养殖户的电费成本。

图 3.4 微孔增氧装置

总之，增氧机最适开机时间的选择和运行时间，应根据天气、鱼类动态以及增氧机负荷面积大小等具体情况灵活掌握。采取：晴天中午开，阴天清晨开，连绵阴雨半夜开，傍晚不开，阴天白天不开，浮头早开；天气炎热开机时间长，天气凉爽开机时间短；半夜开机时间长，中午开机时间短；负荷面积大开机时间长，负荷面积小开机时间短，确保及时开机增氧。要坚持每天早晚巡塘，观察水色和鱼的活动情况，特别要注意浮头。一旦发现浮头，要适时加注新水，并开增氧机增氧。配备有物联网系统的，平时则要注意设施设备的连接运行情况。

③ 合理使用增氧机

要根据池中溶氧变化规律和溶氧量，合理使用增氧机。增氧机增氧效果与养殖池溶氧饱和度有关，溶氧越低，增氧效果越好。当池水溶氧低于3.0毫克/升时，如凌晨、连绵阴雨缺氧和“浮头”时，要开增氧机。晴天中午要开1~2小时，将池水上层高溶氧的水送到底层，以减少底层“氧债”。阴天的中午和晴天的傍晚开增氧机，会加速水体氧气的消耗，使“浮头”时间提前；切记，这两个时段不可开增氧机。

（5）使用微生态制剂

微生态制剂的种类按照用途，微生态制剂可以分两大类：一类是体内微生态改良剂，将其添加到饲料中用以改良养殖对象体内微生物群落的组成，应用较多的有乳酸菌、芽孢杆菌、酵母菌、EM菌等；另一类是水质微生态改良剂，将其投放到养殖水环境中以改良底质或水质，主要有光合细菌、芽孢杆菌、硝化细菌、反硝化细菌、EM菌等。

① 光合细菌是能进行光合作用的一类细菌。该细菌能吸收水体中的氨氮、亚硝基氮、硫化氢和有机酸等有害物质，抑制病原菌生长。

② 芽孢杆菌为革兰氏阳性菌，是普遍存在的一类好氧性细菌。该菌能以内孢子的形式存在于水生动物的肠道内并分泌活性很强的蛋白酶、脂肪酶、淀粉酶，可有效提高饲料的利用率，促进水生动物生长；它既可以通过消灭或减少致病菌来改善水质，还可以通过分解并吸收水体及底泥中的蛋白质、淀粉、脂肪等有机物以改善水质和底质。

③ EM为有效微生物群的英文缩写，是由光合细菌、乳酸菌、酵母菌等多种有益菌种复合培养而成的微生物群落，它们能通过共生增殖关系组成复杂而又相对稳定的微生态系统。EM中的有益微生物经固氮、光合等一系列分解、合成作用，可使水中的有机物质形成各种营养元素，供自身及饵料生物的生长繁殖，同时增加水中的溶解氧，降低氨、硫化氢等有毒物质的含量，

维持养殖水环境的平衡。另外，EM 菌还能在肠道内形成优势菌群抑制大肠杆菌的活动，并促进机体对饵料的消化吸收，使排泄物中的氨氮含量减少，起到净化水质、促进生长的作用。

④ 使用微生态制剂的注意事项：一是微生态制剂的使用应与杀菌剂的使用间隔 2~3 天以上。二是液态微生态制剂使用前应摇匀，存放在阴凉避光处，如遇变质的应停止使用。三是如微生态制剂出现结冰情况，应在自然条件下解冻，切不可采用蒸煮等人工加热方式解冻。四是固态制剂应在鱼类摄食后使用，防止鱼类抢食。五是全池泼洒应在水温及肥度适合时使用，以达到最佳效果。六是开封后未用尽的微生态制剂应密封好后保存。

七、饲料和投饲技术

为了满足淇河鲫鱼鱼种生长需要，在放养夏花鱼种前要先培育天然饵料生物，同时还应该投喂人工饲料。投喂的人工饲料以配合饲料为主，饲料中粗蛋白含量应在 30%左右，饲料系数要 1.5 左右。在投喂的时候，要做好投饲驯化工作，让鱼尽可能到投饲区进行摄食。鱼种一般日投喂 2~3 次，每次每万尾鱼种投喂饲料 2~3 千克，上午 9：00、下午 13：00、17：00 为投饲时间。不过，投喂时间和投喂次数要根据当天天气情况和鱼种的摄食情况灵活掌握，如遇恶劣天气应适当减少投饵量和投饵次数，天气闷热和雷雨前后，应停止投喂。投喂饵料应坚持“四定”的原则，即定位、定时、定质、定量。投喂量也要适时进行调整，一般 7 天或 10 天调整一次，保证养殖鱼满足生长代谢需要。调整投饵量的方法是：7~10 天鱼吃的饲料量，按饲料系数应该增重多少鱼，计算出存塘量是多少，然后按水温、鱼体规格算出合适的投饵率，投饵率与存塘量相乘的结果，就是调整后应该投喂的饲料量。日投饵量多少要以保证鱼八成饱为原则，投饵量太多，不仅往往容易造成饲料浪费，而且鱼吃得太饱不易消化，排泄增加，对鱼体健康也有害，同时排出的粪便也污染了水体，诱发鱼病；投饵量太少，鱼吃不饱，鱼体生长代谢不能达到满足，鱼体规格也会差距很大，对鱼池的产能造成浪费。一般来说，在春秋季节，投喂的饵料量鱼在一小时内吃完为宜，在高温的夏季节，投喂的饵料量鱼在30~45分钟内吃完为宜。如果在上述时间内鱼吃不完饵料，说明投饵量大；鱼在极短的时间内吃完，说明投饵量太小。养殖管理人员在投饲的过程中，一定要仔细观察鱼的摄食情况，根据具体情况及时调整。

八、日常管理

1. 巡塘

夏花鱼种放养以后，加强日常管理尤为重要。因夏花鱼种放养后，早期水温适宜，池水中天然饵料较丰富，池水溶解氧含量高等，条件极为优越，对鱼种早期生长极为有利，加之幼鱼阶段相对生长较快，故习惯上称这一阶段为“暴长”阶段。这一阶段鱼种生长的快慢，对出塘规格和产量关系极为密切，故要加强巡塘，坚持早、中、晚三次，对池塘水质、鱼种活动、吃食、生长情况要非常清楚，做到心中有数（图3.5）。

图3.5　巡塘

2. 鱼病防治

及时清除池边杂草和残渣余饵，保持池塘卫生。在鱼病易发的7—9月，要坚持按时防病原则。一般每15天时间全池泼洒一次杀虫、杀菌药，再辅以内服防止细菌病和保护肝脏的中药。只要防病做得好，在整个养殖期间，鱼病基本不会发生。

3. 做好养殖日志

记录内容同鱼苗池。

九、并塘越冬

秋末冬初，当水温下降至10℃左右，鱼吃食强度减弱，这时需将各类鱼种捕捞出塘，做好并塘越冬准备。此时可放养鱼种进入成鱼养殖的池塘；如需外销，此时也可出售。

淇河鲫鱼如鱼种密度大、水浅时，有较高的起捕率，因此应尽可能拉网捕鱼；若池水较深可将池水排出，在池塘水深1~1.2米左右开始拉网。拉网一般在上午10：00左右进行，第一天拉2~3网，可将鲢、鳙鱼种及50%~60%的淇河鲫鱼鱼种捕出。第二天凌晨继续排水至水深60~70厘米，上午10：00再拉2~3网，可将80%的淇河鲫鱼鱼种捕出。然后排干池水，彻底清塘。干塘捕出的鱼种需放入网箱中，待其鳃内泥浆清洗干净后方可出售或放养。

鱼种饲养期间，由于抢食程度不同，淇河鲫鱼出池规格有所差异，其中100~150克占10%，50~100克占60%，30~50克占30%。需按规格分开，以便出售或养殖成鱼。剩余鱼种并塘越冬（图3.6）。

1. 越冬池条件

越冬池面积3~5亩，水深2米以上，背风向阳，淤泥少。越冬池每亩放

图 3.6 并塘越冬

养鱼种 500 千克。冬季适当施肥，天气较暖时，少量投饵，定点堆放即可。水面结冰需破冰，以防止缺氧。

2. 并塘目的

一是淇河鲫鱼种经过几个月的饲养，长成 7~20 厘米的鱼种，规格不整齐，需要分塘整理；二是鱼种池经过几个月的使用，池底积累大量的鱼类粪便、残饵、有害生物，需要利用冬天这段时间进行彻底清塘，为来年生产做好充足的准备；三是养殖的鱼种有的需要养成成鱼，由于鱼种池密度大，需要分养，有的鱼种需要出售，也必须进行拉网；四是鱼种池水位低，不利于鱼种越冬，应将其移至水位深的池中进行越冬，使用管理。

3. 并塘时间

在水温降至 10℃左右，天气晴好、无风，而且鱼已经停食一周以上，可以适时并塘。水温高并塘过早，鱼类游动活泼，耗氧量高，在密集囤养下容易缺氧，操作过程中鱼体也往往容易受伤。并塘过迟，水温低，天寒地冻，鱼体容易发生冻伤，而且下塘操作也不方便。

4. 并塘的方法

拉网捕捞鱼种或放水捕捞，对捕捞出的鱼种进行过筛筛选分类，按不同品种进行计数。筛选不仅针对同种鱼不同规格，而且也要分出不同的品种。计数的方法是，取同一种鱼25尾左右，测量体长和重量，再取5千克鱼计算其尾数，然后将各类鱼种全部过磅，即可算出不同种类和不同规格鱼种的尾数。

在并塘的过程中，动作要轻，操作要快，避免鱼体撞伤，预防水霉病的发生。鱼种进入越冬池后，要向池水中泼洒二氧化氯消毒剂，对水质进行消毒处理。

5. 越冬放养密度

放养密度一般控制在每亩3万~5万尾。越冬池水质要有一定的肥度。

6. 鱼种越冬死亡分析

由于冬季寒冷，鱼种越冬期间一般要损失10%左右，死亡的原因主要有：一是越冬前鱼体瘦小，体内没有积累足够冬季消耗的脂肪。二是并塘期间操作造成机体机械损伤，细菌感染。三是鱼种本来就有病。四是越冬池内缺氧，或产生有害物质导致死亡。五是越冬池水太浅，水温低冻伤致死。六是越冬池周围环境差。此外，噪音大，鱼种不得安宁，惊吓乱窜体力消耗太大，也容易造成死亡。

7. 安全越冬措施

首先要加强秋季管理，越冬前要投喂脂肪含量高的饵料。其次并塘时间掌握在水温5℃以上，尽量减少对鱼种的机械损伤。三是鱼种在并塘时要经过消毒处理。四是加强鱼病防治，避免带病鱼进塘越冬。五是保证水位，冰下水位保持在1.5~2.0米。六是勤监测越冬池水的溶氧量，当水中溶氧降到3毫克/升以下时，便要及时加注新水或采取增氧措施。七是经常加注新水，在注水时，为防止池水温差变化过大，一次注入量不要过多，且注意流速、流量。八是雪后要及时清扫冰面上的积雪，使冰面保持较好的透明度，以利于太阳光线的射入，增强水中浮游植物的光合作用，增加水中溶氧。九是适当投喂，晴明天气对鱼种进行适当投喂，但投饲不能过多。十是加强冬季管理，如避免冰上行人、滑冰，保持环境安静，定期打冰眼，使鱼池与大气相通。

8. 鱼池越冬期补氧方法

一是生物增氧，水质瘦的池子要追施无机肥，确保冰下浮游植物正常进行光合作用。二是注水增氧，或利用鼓风机、氧气瓶等办法向水中充气增氧。三是循环水补氧，原池水抽出来曝气，放出有害气体，再注入池内。四是使用化学药剂增氧（由于成本高，仅用于浮头抢救时使用）。

第四章
淇河鲫鱼成鱼养殖技术

淇河鲫鱼的成鱼饲养，是由1冬龄鱼种养成商品鱼的过程。目前除池塘养殖外，还作为湖泊、水库等大水体的增殖鱼类。淇河鲫鱼对环境适应性强，也可在网箱、流水池、稻田进行养殖。

无论采取哪种养殖模式，都必须对养殖品种的生物学特性和生长特点有所了解。

饲养的鱼类，从其活动习性上来说，主要分为上层鱼、中层鱼和底层鱼。从食性来说，主要分为植食性、肉食性和杂食性。为了充分发挥养殖水体，目前池塘多采用混养的方式，即池塘中除确定主养鱼品种外，还要放养一些其他鱼类，既使得水体能够充分利用，又能使水质可以出现自我调节的能力，最大程度地提高池塘的鱼产量。

鲢鳙鱼是上层鱼，又是以吃食水中的浮游生物为主的滤食性鱼类；团头鲂、草鱼主要食草，属中层鱼类；鲤、鲫、青鱼等属底层鱼类，以杂食性和底栖生物为食；而鲴鱼则主要吃食水中的有机碎屑和附着于底泥表面的藻类。池塘中混养了这些鱼类，就能对饵料资源加以充分利用。但是不同种鱼也时有存在食物竞争的现象，这主要是由于食性相同、相近或交叉引起的，所以在设计放养模式时，要充分考虑这些因素，尽可能发挥鱼类之间的互利关系，避免互相排斥和竞争关系。如草鱼食量大，肠道短，对草消化吸收不完全，一部分未经消化的植物纤维等随粪便大量排出体外，进入水体中。这些排出的大草粪便，间接起到了对水体施肥的作用，水体中浮游生物大量繁殖，使水体变肥。鲢鱼、鳙鱼是以吃浮游生物为主的鱼类，能吃食水中的浮游生物，使水体保持清新，水质保持稳定；而鲤鲫鱼吃食池塘底泥中的生物，起到了打扫食场的作用。由于鲤鲫鱼在水体底部的活动，促进了池塘底部有机质向水体中扩散，减少了底部有机质的积累，加速底部有机质的分解，同时也可为上层鱼类提供更多的饵料生物。所以，混养不但能充分利用饵料，在一定范围内还能起到生物自身净化池水的作用。由此可见，了解鱼类的这些特性，也是做好池塘生态养殖的关键所在。

在生长特性方面，当使用草、配合饲料配合养殖时，放养密度适当，一般规格为300克的草鱼当年可养至3 000克以上；规格为50克的淇河鲫鱼当年可养至350克以上。这些数据，都是我们设计放养模式的重要依据。

放养模式的确定还要考虑与市场需求相适应，不仅要根据不同的品种、规格、市场需求、市场价格，还要考虑大众的饮食习惯，确保养出来的鱼既能销售出去，又能取得满意的经济效益。例如，在湖北的大部分地区，鲤鱼价格低，养殖成本又高，应少养或不养，而鲫鱼价格较高，人们也喜欢食用，应多养。此外，还要考虑市场规律的影响，做好养殖量的调查工作，根据市场价格起伏情况，确定养殖品种、规格和上市时间，尽可能获得最大的经济效益。

第一节　成鱼养殖

一、池塘养鱼

池塘主养淇河鲫鱼，一般只套养部分鲢、鳙鱼，不可套养鲤、草鱼、罗非鱼等吃食性鱼类，以免争食。

1. 水源与水质

成鱼养殖是水产生产的最后一个环节，也是水产养殖的主要目的，所以一定要有良好的水质做保证。常用的水源有江河、水库、湖泊、地下水、泉水或工厂余热水。一般河水、湖水是池塘养殖最适合的水源，因为不论是水温、还是水质等方面，都适合鱼类的生长。利用地下水、库底水时最好要修建较长的水渠，可以暴氮、增温和增氧。

池塘不仅要求有良好的水源，而且要求有一定的水量，以便于在养殖期间随时加注新水。

2. 池塘条件

（1）选址

鱼种要快速生长，达到商品鱼规格上市销售，鱼池就必须提供良好的条件，满足鱼类栖息与生长。一般来说，成鱼池要选择交通便利、靠近水源的地方，便于鱼种、饲料、商品鱼的运输，便于养殖期间注排水。

（2）面积

成鱼池的面积一般要求在 10~20 亩，池塘面积大，鱼类的活动空间也大，受风面大，空气与水接触面积大，便于空气中的氧气溶入水中，增加水的溶氧量。而且，水体在风力的作用下，促使水体上下水层交换，对整个池塘水环境的改善作用明显。但也不是面积越大越好，过大的池塘为饲料投喂、捕捞增加了难度。

（3）走向

日照时数长，积温大，鱼类生长快。因此，鱼池要尽量多采集光照，便于浮游植物光合作用。根据我国的气候特点，成鱼池的走向以东西走向、长宽比 5∶3 为最好，鱼池四周不能有高大的建筑物、树木，以免挡风、遮阳，不利操作。

（4）水深

渔谚说："寸水养寸鱼。"当面积一定时，水越深，蓄水量越大，越有利于鱼类生长。但过深的水，对养殖也是不利的。补偿深度为我们提供了科学的养殖水深理论依据。所谓补偿深度，也就是水体中向下光线减弱很快，水越深处光合作用越弱，当光合作用减弱到与呼吸消耗量平衡时的水深称为补偿深度，这是水中光合植物垂直分布的下限。补偿深度以上，水温高，氧气含量充足，适合鱼类生长；补偿深度以下，水温相对低下，氧气含量不足，不适宜鱼类生长。根据实践经验，高产鱼池的水深度应保持在 2.5~3 米，一般不宜超过 3 米。

（5）底质

成鱼池土质以保水和透气性较好的壤土为最好，黏土次之，沙土最差。

（6）池堤

池堤顶面不应小于 8 米，这主要是方便饲养作业、车辆运输和机械化管理。适宜的堤面坡度为 1∶4、1∶3 和 1∶2.5~3.5。

（7）淤泥

成鱼池在养殖的过程中要投喂大量的饲料，池底会聚集大量的残饵、粪便、生物尸体与泥土形成的淤泥。池底淤泥不宜过厚，但也不宜全部清除。淤泥中富含营养盐类，对池塘肥度和水量都十分有利，适宜的淤泥厚度一般为10厘米左右为好。

（8）设施配备

增氧机、投饵机配备齐全，有条件的还应安装水质监测设备和物联网。

3. 鱼种放养

（1）施足基肥

鱼种放养前每亩施畜粪肥500~1 000千克，在冬天放鱼种可提高水温，保持水的肥度，减缓结冰时间。

（2）选择优良的鱼种

这是健康养殖的前提，优质鱼种不仅生长快，成活率高，而且养殖期间病害少，体质壮，市场受欢迎。优质的鱼种要求是：规格整齐，体质壮，无病无伤。

（3）放养时间

放养鱼种的时间最好在秋末、冬初，鱼类经过冬、春季节对新池塘环境的适应，有利于早开食、早生长；也可在水温5~10℃左右进行春放，主要以鱼种购回时间来决定，尽量早投放。一般冬放优于春放，早放优于晚放。

（4）放养量

一般亩放养个体重50克左右的1龄鱼种为2 000~3 000尾；亩放养个体重100克左右的1龄鱼种为1 500~2 000尾。同时，每亩可搭配100克左右鲢鱼种800~1 200尾，150克左右鳙鱼种200~300尾。

4. 鱼类混养

淇河鲫鱼成鱼养殖，不仅可以采用单养的模式，也可以采用传统的混养模式。要发挥多种鱼类混养的优点，充分利用水体，提高鱼产量，获得较高的经济效益。

5. 轮捕轮放

八字精养法“水、种、饵、密、混、防、轮、管”是我国科学工作者对养鱼技术的概括总结，其中轮捕轮放是提高单位面积产量的主要措施之一。其原理是每个池塘的载鱼量是相对稳定的，通过捕大、放小的操作，即可使达到商品鱼规格的鱼及时上市，又因为增补了小鱼，保持鱼池稳定的载鱼量。

6. 日常管理

（1）投饵

冬放鱼种，在冬、春季节天气晴暖时，可采用堆放的办法投饵，一般每星期投 1 次。春季水温上升到 15℃ 以上时，仍采用驯化投饵的方法。春季水温低，鱼类活动量小投饵速度应慢，投喂时间一般需要 1 小时，待大部分鱼离开食场后，再停止投喂。随着水温上升，鱼的活动量、摄食强度增大，投饵次数及投饵量也应随着增加。秋末、冬初水温下降应减少投饵次数及投饵量，一般每年 3 月、4 月、10 月每天投喂 2 次，投饵量占存塘鲫鱼体重的 3%～5%。5—9 月，每天投喂 3～4 次，投饵量占鲫鱼体重的 5%～7%，具体视鱼吃食情况和天气情况而定。

（2）水质管理

水质好坏直接关系到鱼的摄食和生长，必须给予足够重视。池塘水深开始保持在 1～1.5 米，随着鱼体的长大，逐步加深至最高水位。每年 7—9 月水温高，鱼类吃食量大，产生的粪便极易使水质恶化，要保持水质清新，应半个月换水 1 次，每次换掉池水的 1/5～1/3；此外，平时每半月每亩水面用生石灰 40 千克化乳全池泼洒 1 次，可调节水质，预防鱼病。对于取水不方便的鱼池，每个月要用一次微生态制剂如光合细菌、EM 菌、芽孢杆菌等对水体进行全池泼洒，也可使水质保持良好的状态。

（3）适时开机增氧

晴天中午每天开增氧机 1～2 小时，加快池水对流和偿还池塘底部的氧。早晨视鱼类浮头情况开启增氧机，在阴雨天或雷阵雨过后，应提早开机，以增加水中溶氧量，避免鱼类浮头。

（4）加强巡塘

每天坚持早晚各巡塘一次，观察鱼的活动情况，清除池中杂物。经常检查进水口，以防其他鱼类混入，影响淇河鲫鱼正常生长。每10天左右对鱼类增重情况进行抽样，以了解池中存鱼量，适时调整投饵量，避免投饵不足影响池鱼正常生长。同时，做好池塘日志，记录内容同鱼苗池。

二、流水池养殖

1. 水源

水源充足，水质良好无污染，符合淡水养殖用水标准。水为中性或弱碱性水，含氧量高，引水最好可实现自流。

2. 流水池条件

流水池最好为长方形、圆形或椭圆形，鱼池周围无高大树木或建筑物，通风向阳。每个鱼池设进排水口，并有防逃措施，配备气泵，可进行底部增氧；各池均配备有投饵机。鱼池在使用前要用生石灰进行彻底的消毒处理，新建的流水池用于养殖时，必须提前10天进行水浸解毒处理（图4.1和图4.2）。

图4.1　流水养殖池塘

图 4.2　流水养殖池塘消毒

3. 鱼种

放养鱼种为春片、冬片或当年夏花鱼种，鱼种应规格整齐、体质健壮、无病无伤。

4. 放养密度

每亩放养 50 克/尾的淇河鲫鱼苗种 20 000 尾。

5. 投喂方法

坚持“四定”投喂方法。

6. 日常管理

坚持巡池，捞取进水口和鱼池中杂物，防止堵塞，造成水体缺氧或溢池；

调节水流速度；做好防病工作，定期投喂药饵。

三、网箱养殖

网箱养殖，多采用单养方式，也有混养的，但搭配鱼不能超过放养量的5%。

1. 网箱结构

网箱一般由网衣、框架、浮子、沉子等组成。

（1）网衣

是饲养鱼的主体部分，多由聚乙烯网片缝合而成，形状为正方形、长方形等，面积16~36平方米或100平方米以下不等。高一般为2~3米，网目大小取决于鱼的规格，以不逃鱼且利于水体交换为原则。为防止逃鱼，多采用双层网衣。

（2）框架

安装于箱体的上部，具有支撑、浮起网箱的作用，多用粗竹杆、钢管等。

（3）浮子

安装于网箱的纲和框架上，用于浮起网箱和框架。浮子的种类很多，有的使用塑料浮子、浮桶等。

（4）沉子

安装于网墙的下纲，使网衣在水中撑开保持一定形状。沉子的种类有石块、砖块、铅锡沉子等。

2. 网箱设置方式

网箱以设置成浮动式为好，网箱在排列上多采用“一”字形、“非”字形和“品”字形。用于固定网箱的拉绳最好要留有余地，锚绳不可拉得太紧，便于水位变化与箱体相适应。为了便于生产管理和操作，网箱组之间要设有通道，通道宽度约1米左右。“一”字形的网箱，通道应设于箱架的近岸侧。通道由竹排铺设而成（图4.3）。

图4.3　网箱养殖

网箱在使用前10天入水，使网衣上附着藻类，使箱体保持光滑，避免鱼进入网箱后同网衣摩擦受伤病原体乘机感染导致鱼病。但也不能下水太早，以免造成网衣破损，导致逃鱼事件发生。

3. 网箱设置场所选择

网箱养鱼场所一般要选在向阳背风的河湾、库湾、水库河流入口处、水库坝下宽阔的水域，避开主航道、避开水库溢洪道。这些区域溶氧含量高，温度高，水体微流动，箱内外水量交换适宜，可获得较高的养殖产量。

4. 鱼种放养

（1）鱼种放养时间

春片鱼种，放养时间应在3月以前进行，若放养夏花鱼种，可在当年6月。

（2）放养规格要求

春片要求在50克/尾以上，夏花鱼种在每尾5厘米以上。

(3) 放养鱼种质量

要求规格整齐、体质健壮、无病无伤。

(4) 消毒处理

放养前用3%~4%食盐水浸泡10~15分钟。

(5) 放养密度

合理确定放养密度是提高产量和效益的有效措施之一。鱼种放养密度过稀，网箱的生产潜力发挥不出来，经济上不划算；鱼种放养密度过密，虽然群体产量在一定范围内有所提高，但出箱规格小，同样也影响经济效益的提高。在生产实际中，具体放养密度的确定也与生产目的有一定的关系，生产商品鱼，放养密度要加大，生产大规格鱼种，放养密度可适当减少。

一般情况下，淇河鲫鱼网箱送养密度为200~600尾/米^2。

5. 饲料投喂

网箱养殖淇河鲫鱼，目前选用的饲料是鲫鱼全价配合饲料，饲料蛋白质含量为30%~32%。颗粒料的粒径以淇河鲫鱼的口径相适应，以利于摄食和提高饲料利用率。

在投喂时，首先要对淇河鲫鱼进行驯化，一般情况下，在很短的时间内可将淇河鲫鱼驯化成功。投喂过程中投饲技术十分关键，它直接影响鱼的产量和饲料利用率，投饲技术包括投饵率、投饲量和投喂次数。

(1) 投饵率

通常情况下，鱼体规格越大，投饵率越小，水温越高，投饵率越大。水温在15℃以下时，投饵率为1%，水温在15~20℃时为1.5%~2%，当水温在20~30℃时为2.5%~4%，水温在30~32℃时为2%~3%。

(2) 投饵量

在基本掌握了投饵率的情况下，就可以根据箱内存鱼量，计算出适宜的日投饵量。日投饵量与天气状况、鱼的活动、摄食等有着很大的关系，当天气晴好时，可正常投喂；当天气闷热、阴雨、大风天气时，应当减少投喂或不投喂。遇到头一天鱼群摄食十分正常，而第二天喂鱼时鱼群无反映时，要马上检查网箱，看有无破损逃鱼，水流通透如何，水体溶解氧含量是否过低等。

（3）投饵次数

每天投饵次数也是影响投饵效果的重要因素之一，在总的投饵量确定以后，应按少量多次的原则进行投喂，一般日投喂次数以 3~4 次为好。日投喂量和日投饵次数的安排要下午多于上午，这主要是由水温和水中溶解氧多少而决定的。

6. 日常管理

经常清洗网衣，保持网箱内外水流通透良好；经常检查网箱有无破损，严防逃鱼。尤其在恶劣天气，更要加固网箱，做好防逃逸、防搁浅、防冲走等工作。在干旱季节，水位低，防止网箱搁浅；洪涝季节，水流大，防止网箱被冲走。暴风天气到来前，要检查锚绳、箱架等，加固网箱，做好抢险器材准备工作；暴风过后及时查看网箱有无破损等。此外，要定期检查鱼生长情况，合理调整投饵量；搞好鱼病防治，定期用食盐、漂白粉、铜铁合剂挂袋，并定期投喂药饵。

四、稻田养鱼

稻田养殖淇河鲫鱼，是将淇河鲫鱼养殖与水稻种植有机结合在一起，形成一个互利共生的生态系统，淇河鲫鱼摄食和抑制稻田中的有害生物，将其转化为优质蛋白，而淇河鲫鱼的粪便又能当做稻田的肥源，促进水稻健康生长（图 4.4）。

稻田养殖淇河鲫鱼，既可改善稻田生态环境，实现生态种养，提高稻谷的品质，增加稻谷产量，同时还能在不减少稻谷产量的前提下，每亩可收获

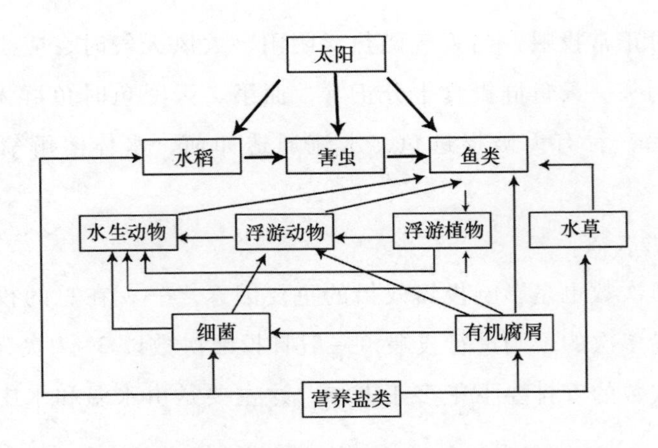

图 4.4　养鱼稻田生物之间物质循环关系示意图

淇河鲫鱼 150 千克左右，获利 2 000~3 000 元，是农民调整产业结构，增加收入的好途径。

1. 田块的选择

不是所有的稻田都能养殖淇河鲫鱼，首先要考虑水源充足、水量充沛，水质良好，远离污染源，交通便利、电力充足、进排水方便、光照充足、环境安静、土壤肥沃、土壤保水保肥能力强、防洪条件好的田块，面积 3 000~6 000 平方米为宜（图 4.5）。

2. 田块的修整

田块选择好后，要对稻田进行修整，才能满足稻田养殖的需要。首先要将田埂加高至 30~35 厘米，加宽至 30 厘米，并夯实；其次是在稻田内要开挖鱼沟（图 4.6）和鱼溜，鱼沟宽 120 厘米，深 45~70 厘米，呈“围”“丰”“井”“十”字形（图 4.7）。要求沟沟相通，并在各交叉点上挖深 100 厘米、面积 10 平方米大小的鱼溜，鱼溜鱼沟的面积以不小于稻田总面积 10%~15%。最后，在稻田的进、排水口要安装防逃设施和过滤设施，防止野杂鱼进入和

图 4.5　稻田养殖

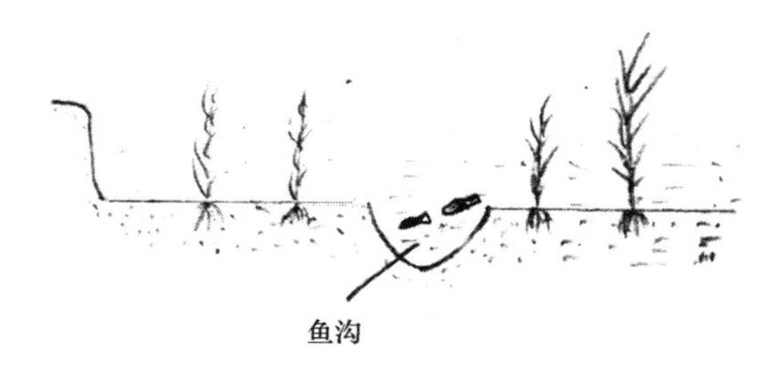

图 4.6　鱼沟示意图

养殖鱼逃逸。

3. 水稻品种的选择

鉴于稻田养殖用水的特性，水稻品种的选择要充分考虑稻田饲养的特点，又要考虑当地气候、土壤条件以及种植习惯等因素。饲养稻田选用的品种应不易倒伏、抗病虫害、耐淹、耐肥力强、株型紧凑、品质好、产量高等。

4. 水稻的移栽

水稻一般是先育秧、后移栽，移栽前要在秧田里拔秧、捆好，运到田里，

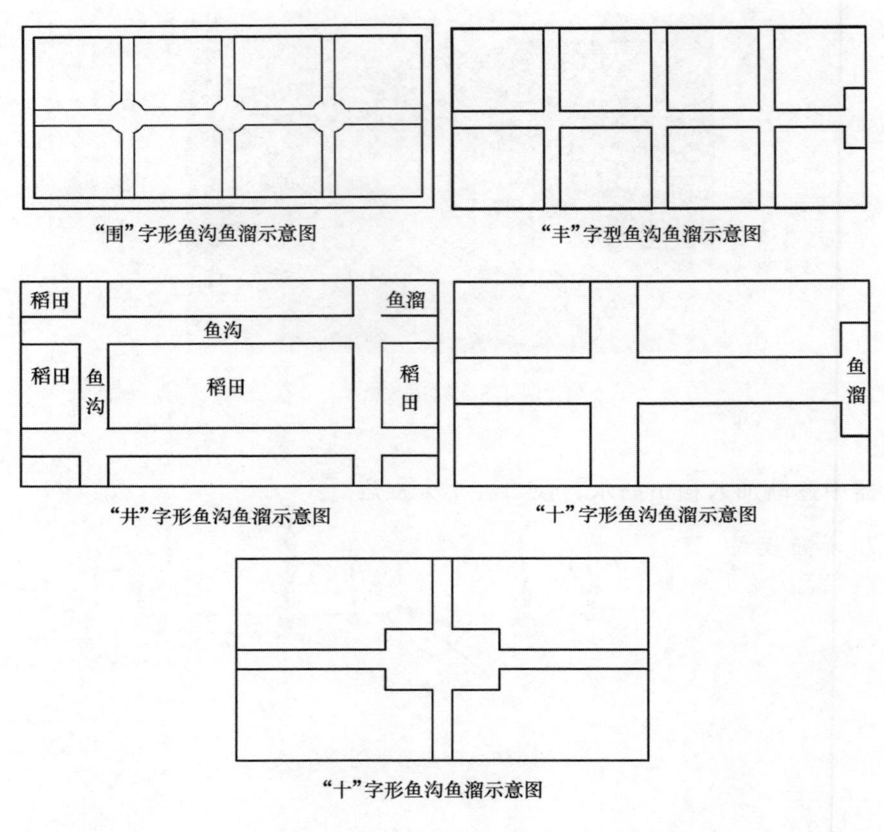

图 4.7 鱼沟鱼溜示意图

分散在每垄里，以条栽为主。插秧分手工和机械插秧两种。秧苗每 6~7 棵一插，在鱼沟、鱼溜边应适当密植，以发挥边际优势，增加稻谷的产量。

5. 鱼沟、鱼溜的处理

首先在淇河鲫鱼苗种入鱼沟、鱼溜前，要对鱼沟、鱼溜进行清整，清除过多的淤泥，铲除杂草；其次是对鱼沟、鱼溜进行消毒处理，计算好鱼沟、鱼溜的面积后，用生石灰进行泼洒，起到清塘的效果；再者是向鱼沟、鱼溜内施放基肥，培肥水质，使淇河鲫鱼入鱼沟、鱼溜后能获得足够的饵料生物。

6. 春片、夏花放养

稻田放养淇河鲫鱼的时间，应该在不影响禾苗生长的前提下尽早放，目的是延长鱼类生长期。通常春片放养在每年3月之前进行，当年夏花在6月上旬左右。

稻田中鱼种放养的规格随养殖周期、品种、市场需求等不同而异，要求当年起捕上市的，要放养大规格，达到上市要求；如果是当年放养以培育成大规格鱼种为主、次年再养成上市销售的，规格3~5厘米的夏花即可。

放养时应注意运鱼器与稻田水的温差不能太大，要在±3℃之内，可以在运鱼器中逐渐加入稻田的水，使二者十分接近后，再把鱼种放进稻田中。

7. 养殖模式

稻田养殖是鱼稻共生的饲养方式，在稻田中放养淇河鲫鱼，一般采用主养方式，少量搭配鲢鳙鱼，尤其不能搭配鲤鱼、罗非鱼和草鱼。

8. 田水调控

稻田养殖淇河鲫鱼，虽然互利共生，但也要处理好水稻用水和淇河鲫鱼用水之间的矛盾。“大水养大鱼”，鱼要求田间水深、水量大，而高产稻田则要求“寸水活棵、薄水分蘖、沥水烤田、足水抽穗、湿润黄熟”。因此，做好田水调控，有效解决两者用水之间的矛盾就显得非常重要。沥水烤田时要充分让阳光照射到田面，需要降低水位于地面以下，将鱼引向鱼沟、鱼溜中。其余时段则要尽量满足鱼生长需要，抬高水位，为鱼生长提供足够的空间。

9. 养殖管理

（1）投饲

在稻田中除使淇河鲫鱼能够充分利用天然饵料生物外，还要对其进行科学的投饲，保证其生理代谢需求。可投喂豆饼、花生饼、麸皮、玉米面等饲料，也可投喂配合饲料。但投喂单一的饲料，会导致营养物质不平衡，鱼生长缓慢，易发病，因此提倡使用全价配合饲料。投饵的次数一般日投饵 3 次或每天上午、下午各投喂一次，日投饵量占鱼体重的 2%～4%，并根据气候、季节、鱼体规格、鱼摄食情况灵活增减。

（2）施肥

施肥不仅能使水稻增产，而且能促进水中浮游生物的繁殖生长，为淇河鲫鱼提供充足的天然饵料。但施肥要科学，稻田养鱼施肥总的原则是施足基肥、巧施追肥。基肥以腐熟的有机肥为好，追肥主要追施分蘖肥、增穗肥和结实壮粒肥；追肥主要是无机肥（尿素、碳酸氢氨等）。追施化肥时，最好将鱼集中于鱼溜和鱼沟中。

10. 稻田用药

（1）水稻用药

稻田在饲养淇河鲫鱼后，淇河鲫鱼能够将水稻的害虫吃掉，减少了病害发生的几率。不过，有时也会发生不同程度的病害，这就需要用药来防治，但用药一定要谨慎。为了确保淇河鲫鱼的安全，在选用农药时尽量使用高效低毒低残留药，而且尽量喷洒到叶片上。粉剂药选择早上稻株上有露水时施用，下雨前不要施药；喷药时喷嘴要伸到叶片下面，由下向上喷，用药后要及时换水。同一稻田，用药时可以分日施药，即第一天在稻田的上水部位施药，鱼可以游到稻田的下水部位；第二天将鱼赶回上水部位，再在下水部位施药。在喷药后如果发现鱼异常反映，应立即换水。

（2）鱼病防治

由于稻田放养的淇河鲫鱼密度小，在一般情况下无病害发生，但如果饲养管理不善也会发生鱼病，因此一定要做好鱼病防治工作。在投喂饲料时尽量不投喂腐烂变质饲料，投喂量不可或多或少，鱼沟鱼溜要定期用漂白粉进行泼洒消毒，食台要进行消毒等。鱼发病高发季节，还要定期投喂药饵。

11. 日常管理

稻田养鱼的日常管理工作很重要，主要工作有：

（1）稻谷品种的选择

与一般稻田相比，养鱼稻田肥力较强，水稻品种应选择耐肥力强、耐深水、抗倒伏、适应性强的紧穗型高产优质品种，比如两优培九、能优异号、中浙优 1 号、广陆矮 4 号、691 号、泸选 194 号等，具体品种要视各地气候等种植条件而定。

（2）注意天气

在夏季暴雨季节，要随时检查注、排水口及栏鱼设施的完好，做好防洪、防涝、防逃工作。必要时多开几个排水口，以增加排水能力。在天气干旱少雨时，及时抽水入田，防治旱滩困鱼。

（3）坚持巡塘

坚持每天早晚巡田两次，观察水质变化和鱼的活动情况、鱼的摄食情况以及水稻长势，以决定施肥和投饲。检查田埂是否有漏洞。经常疏通鱼沟鱼溜等。此外，栏鱼栅的杂草、污物必须时时清除，以确保水流畅通。

（4）清除敌害

鱼刚入田时，因为个体小，要注意清除损害鱼苗的田鳖、水斧虫、水蜈蚣、青蛙等敌害生物，要时时防治水老鼠、黄鳝等在堤上打洞，造成田埂垮塌。后期，要防治水鸟、兽类对鱼的捕食。

12. 起捕销售

根据市场需求，起捕分品种、规格、级别，转入水泥池或网箱中进行暂养 3~5 天，待基本排清粪便及黏液后，上市销售。上市前，一定要注意休药期，确保淇河鲫鱼质量安全。

第二节 养殖实例

一、林州市某渔场淇河鲫鱼鱼种培育实例

2010年5月12日至12月26日共计227天时间，在林州市某渔场进行淇河鲫鱼鱼种培育，现介绍如下。

1. 池塘条件

实验池东西走向，池塘面积为5亩，池深为2.3米，水深可保持在1.5~2米，池底平坦，水源为淇河水，水质无污染，鱼池四周无高大树木和建筑物，池塘配备自动投饵机1台、功率3千瓦的微孔增氧机一台。

2. 池塘清塘和注水

池塘于2010年3月中旬干塘晾晒，清除底泥，使底泥厚度保持要20厘米以下。平整池底，使其保持平坦；修整池埂，将池埂上去年生长的杂草进行了去除。采用生石灰干法清塘的方法对池塘进行了清塘处理，时间是5月2日。每亩使用生石灰200千克。5月4日池塘施放腐熟的猪粪作基肥计1 200千克。5月4日下午池塘进水50厘米。

3. 试水与放养

5月10日，对池水进行了试水，试验鱼可以很好地生活，无不良反映，pH值达7.3，透明度为25厘米，已具备放苗条件。5月12日，经汽车运输，从安阳市淇河鲫鱼良种场购进淇河鲫鱼夏花3万尾放养入塘。放养前夏花鱼种经5%食盐水浸泡10分钟处理。放养密度为6 000尾/亩。夏花体质健壮、规格整齐、顶水性好。6月25日，投放规格为0.5千克/尾且经过消毒的花鲢100尾和白鲢400尾。

4. 饲料投饲

坚持“四定”“少量多次”和“八分饱”的投喂原则。培育人员必须有责任心，精心投喂，在鱼苗入塘后，必须让鱼苗有足够的饵料供其摄食，不能因鱼苗吃不到食料而生“跑马病”现象。先投喂破碎料，日投喂次数刚开始为每天6次，驯化鱼种。当鱼种体长达到5~6厘米以上时投喂粒径1.5毫米的颗粒饲料，当鱼种体长达到10厘米以上时则改为投喂粒径2毫米的颗粒饲料，直到鱼种培育结束。

开始驯化鱼苗时，直接用自动投饵机慢速低档长时间（1小时）进行投喂驯化，没有采取挂袋法或池边堆堆法，效果也很好，一般3~5天就可驯化好鱼苗。鱼苗驯化完成以后，按照鱼体摄食八成饱的原则，提高自动投饵机的投喂速度，缩短投喂时间为40分钟，每天投喂4次，每次间隔3.5小时。进入10月后，每天投喂次数为3次。

5. 鱼病预防

淇河鲫鱼鱼病较少，但出血性腐败病是较难治愈的一种病。其危害程度强，损失严重。主要的预防措施是：每15天全池泼洒一次杀虫药，第二天全池泼洒生石灰，第三天在饲料中加入中草药和维生素，连续投喂三天。在水质管理上，每半个月注排水一次，每次交换量为20~30厘米，使池水保持“肥、活、嫩、爽”，满足鱼类生长要求；环境的良好，也使鱼很难感染鱼病。除此之外，饲料应尽量放置于通风干燥的地方，防止饲料在投喂的过程中由于管理不善而发霉，易致鱼发生肠道疾病。生产工具都严格进行消毒处理，做到专池专用。在养殖期间，我们要特别注意鱼病的预防工作，只要预防措施得力，水质良好，即可预防鱼病发生（图4.8）。

6. 日常管理

坚持早、中、晚巡塘，观察水质变化、鱼种生长及摄食情况，注意天气

图 4.8 检测养殖池塘水质

变化等，并做好养殖日记。

鱼苗下塘后，每周加水 10～20 厘米，到 6 月逐步调整水深为 1 米左右，至 7 月以后应经常加水，保持水深为 1.5 米左右。

7—9 月，定期开启增氧机，白天的下午 14：00—15：00 开启增氧机 1 小时，偿还水中的氧债，后半夜开启增氧机至日出 8：00 左右，防止鱼类浮头。

7. 结果

12 月 6 日水温降到 10℃以下，鱼停止摄食，停止投喂，并于 2010 年 12 月 26 日起捕出售，淇河鲫鱼规格达 105 克/尾，平均亩产 567 千克，养殖成活率 90%，花白鲢平均亩产 112 千克，纯收入为 4 038 元/亩。

8. 试验结论

① 淇河鲫鱼是优良的水品品种，适宜推广养殖。与普通鲫鱼相比其生长速度较快，进一步证明了淇河鲫鱼品质的优秀。

② 淇河鲫鱼鱼种出塘规格与夏花放养密度的关系，如果想获得较大的规格，放养密度可以减少到 4 500～5 000 尾/亩；如果想获得足够数量的鱼种，放养密度还可以提高到 8 000 尾/亩左右。

③ 淇河鲫鱼鱼种出塘规格与经济效益的关系规格超过 100 克/尾的大规格鲫鱼鱼种深受养殖户青睐，价格较高。因此，在同一情况下，培育规格达到 100～150 克/尾的大规格鲫鱼鱼种将会获得较大的经济效益。

④ 混养花白鲢规格较大，如果规格也是夏花，效果可能会更好。

⑤ 使用微孔增氧技术，池塘底部很少出现氧债，使水质长期处于好水状态，促进了淇河鲫鱼生长和发育。

二、安阳市龙安区漳武水库网箱养殖淇河鲫鱼成鱼实例

2010 年，安阳市龙安区某养鱼户在网箱中进行淇河鲫鱼成鱼养殖，情况如下：

1. 网箱的结构

（1）网箱材料

网箱由箱体、框架、浮子、沉子和固定位置的锚组成，网衣材料采用聚乙烯线。网线规格：成鱼箱为 3 米×2 米。网箱附件一般选料为：支撑系统用钢管结构，用铁锚或石块固定，漂浮系统以以废汽油桶代浮子。

（2）网箱的形状与规格

网箱形状的确定，主要从便于操作管理和有利水体交换来考虑，采用长方形最理想。采用的网箱规格：成鱼箱 7 米×4 米×2 米。

（3）网箱网目的大小

应根据养殖对象规格确定。不同规格鱼种适用网箱网目见下表 4. 1。

表 4.1　网目大小与鱼种规格

网目（厘米）	1.0	1.1	1.2	1.3	1.4	1.5	2.0	2.2	2.5	3.0
最小鱼种规格（厘米）	3.9	4.0	4.6	5.0	5.4	5.8	7.7	85	9.6	11.6

本次试验选用鱼种为平均每尾50克以上的鱼种，由安阳市淇河鲫鱼良种场提供。网目选用2.0网目。

2. 网箱设置

（1）设置地点的选择

网箱设置地点的水位不宜过浅或过深，过浅箱底着泥，影响水流交换和排泄物的流出，过深网箱不易固定，一般以水深3~7米较好。要避开水草丛生区，因为水草丛生容易造成水体溶氧不均或缺氧。水流畅通，水质新鲜，避风向阳，流速在0.05~0.2米/秒范围内风力不超过5级的回水湾为好。网箱设置远离水库主航道、远离水库大坝和溢洪道。

（2）网箱的布局

网箱布局以增大网箱的滤水面积和有利操作管理为原则。通常网箱箱距4~5米以上。河道中网箱应按“一”“品”“非”字形排列，保持组距不少于15米（图4.9）。

3. 鱼种放养

时间为2010年3月6日，鱼种体质健壮，无病无伤，规格整齐，驯化良好。鱼种在入箱前，用3%~4%食盐水浸洗10~15分钟。放养密度为每平方米400尾。

4. 饲料投喂

主要投喂人工配合饲料，饲料的粗蛋白含量为30%~32%，粒径大小与淇河鲫鱼口径相适应。

驯化鱼种网箱摄食于鱼种入箱两天后进行，每天上午、下午各驯化一次，驯化时给予固定声音，然后开动投饵机缓慢投喂，将投饵机投饵速度设置为最慢。每次驯化时间为40分钟，一周后可完成驯化过程。

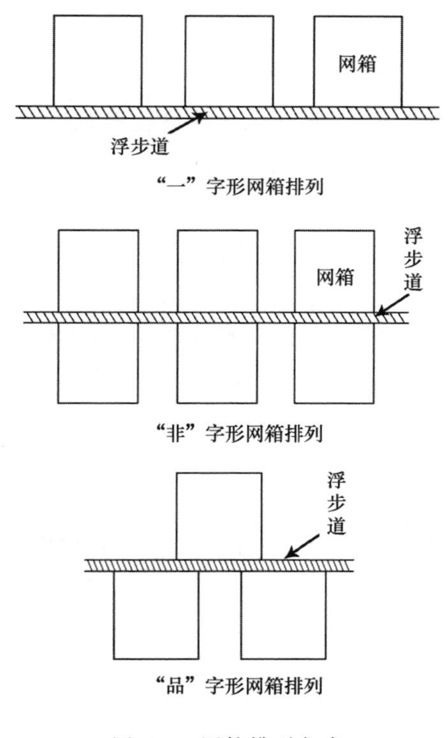

图 4.9　网箱排列方式

5. 投饵技术要点

（1）投饲率

通常随着鱼体生长而下降，随着温度的升高而增加。在水温 15℃以下时，投饲率 1%，水温 15~20℃时为 1.5%~2%，水温 20~30℃时为 2.5%~4%，水温 30~32℃时为 2%~3%。

（2）投饲量

根据网箱中存鱼量和投饲率计算出饲料的投喂量，投饲量除了与存鱼量有关，还与天气状况以及鱼的活动、摄食情况有关；天气晴好正常投喂，闷热、阴雨、大风天气应减少投饲量。

（3）投喂次数

一般日投饲次数为4次。每天下午鱼摄食旺盛，下午的投饲量要高于上午，这与水体中溶解氧、水温的含量有关。

6. 日常管理

（1）网箱检查

饲养期间每天检查一次，以防网箱破漏而发生逃鱼现象。检查时间为每天早晨或傍晚，方法是将网衣四角轻轻提起，仔细观察网衣有无破损，缝合处是否牢固。

（2）网箱清洗

对网箱上附着藻类等进行清除，保证网箱内外水质通透性，方法是用手洗或用高压水枪喷洗。

（3）鱼体生长情况检查

定期抽样，检查鱼的生长情况。

（4）鱼病防治

网箱中鱼群比较集中，一旦鱼发病传播较快，因此，一定要做好鱼病防治工作。除放养时食盐浸洗外，养殖季节还应定期对水体进行消毒，投喂防病药饵；在网箱四周漂白粉、硫酸铜、硫酸亚铁挂袋预防鱼病。

7. 结果

经过240天饲养，淇河鲫鱼平均体重达到320克，成活率92%，每立方米产鱼117千克，单箱产鱼6 552千克，按照市场价格每千克20元计算，单箱总收入131 040元。总支出88 260元，其中鱼种1 120千克计22 400元；饲料9.2吨计41 400元；人员工资16 000元；鱼药和网箱折损费7 860元；其他600元。单箱利润42 780元，经济效益可观。

8. 讨论

由于漳武水库网箱设置比较密集，在温度较高的 7 月和 8 月，遇天气异常时，水体中深解氧含量较低，影响了鱼的正常摄食，可能也影响了鱼产量。

第五章
淇河鲫鱼标准化实用养殖技术

近几年，随着无公害水产品标准的制定及市场准入制度的实施，迫切要求水产养殖者必须按照健康养殖模式进行生产安全，来满足人们对安全水产品的需求。淇河鲫鱼要实现标准化养殖目标，必须在保证健康养殖技术前提下，实现养殖标准化、养殖设施标准化、渔业投入品标准化，生产出的淇河鲫鱼才能满足和符合标准化要求。根据生产实践，淇河鲫鱼标准化养殖技术包括：① 符合渔业水质标准的水源；② 养殖环境符合无公害养殖基地环境条件；③ 鱼种选用优质品种；④ 渔业投入品采用正规生产厂家产品，包括饲料、渔药；⑤ 规范养殖操作管理，做好养殖记录及保存等内容。

第一节　水　　源

渔业生产用水，主要有江河、湖泊、溪流、水库、地下水等水源，各种水源物理化学性状各有不同，但用于水产养殖用水的水源、水量要充沛，水质要符合国家渔业水质标准（GB 11607—89）和无公害食品 淡水养殖用水水质标准（NY 5051—2001）。

第二节　养殖环境

养殖生产场址选择要水源充足，进排水方便合理，交通便利，通讯畅通，周围自然生态环境质量好，远离工业、生活等污水源。环境质量现状符合无公害水产品产地环境要求标准（GB/T 18407.4—2001）。

一、新建池塘

新建池塘，要在水源、养殖周边环境好，符合无公害水产品养殖的基础上，选择面积在200亩以上，用地性质合法，符合当地渔业发展规划，可办理水域滩涂养殖许可证，施工方便的地方进行建设。

二、旧塘改造

池塘经过多年的利用，许多塘都变成了老塘，不适宜现代渔业的发展要求。为规范淇河鲫鱼标准化养殖，鱼池有必要进行标准化改造，内容是：浅水塘改为深水塘；小塘改为大塘；漏水塘改为保水塘；死水塘改为活水塘；堤埂低改高，窄改宽，土改石；配备先进的养殖设备等，实现淇河鲫鱼健康养殖，保障水产品质量安全，促进淇河鲫鱼池塘养殖业向规模化、标准化、产业化、现代化的方向发展，提高资源利用率和维护环境友好。

静水池塘改造建设内容为：池塘清淤、修缮，边坡修整，道路、电路、进排水渠道、管理房及库房改造建设，场地平整、绿化，养殖机械设备配套，监（检）测仪器设备配置等。

流水池塘改造建设内容为：池埂修缮，防逃设施和排污设施配备，道路、电路、进排水渠道、管理房及库房改造建设，场地平整、绿化，养殖机械设备配套，监（检）测仪器设备配置等。

不论是静水塘，还是流水池，池塘通过标准化改造后，各项指标应符合如下技术要求：

1. 塘形

养殖淇河鲫鱼的池塘形状主要取决于地形。一般为东西走向，长方形，也有圆形、正方形、多角形的池塘。长方形池塘的长宽比一般为2~4∶1。长宽比大的池塘水流状态较好，管理操作方便；长宽比小的池塘，池内水流状态较差，存在较大死角和死区，不利于养殖生产。池塘的朝向应结合场地的地形、水文、风向等因素，尽量使池面充分接受阳光照射，满足水中天然饵料的生长需要。池塘朝向也要考虑是否有利于风力搅动水面，增加溶氧。在山区建造养殖场，应根据地形选择背山向阳的位置。

2. 面积、深度

池塘的面积取决于养殖模式、品种、池塘类型、结构等。面积较大的池塘建设成本低，但不利于生产操作，进排水也不方便。面积较小的池塘建设成本高，便于操作，但水面小，风力增氧、水层交换差。淇河鲫鱼养殖池塘按养殖功能不同，其面积要求也不同，成鱼池一般为5~15亩，鱼种池一般为2~5亩，鱼苗池一般为1~2亩。淇河鲫鱼养鱼池塘深度也同养殖功能有关，一般成鱼池的深度在2.5~3.0米，鱼种池在2.0~2.5米，鱼苗池水深一般保持在1.2~1.5米，越冬池塘的水深应达到2.5米以上。蓄水塘的水深应不小于1.5米（表5.1）。

表5.1 不同类型池塘参考表

类型	面积（平方米）	池深（米）	长∶宽	备注
鱼苗池	600~1 300	1.5~2.0	2∶1	可兼作鱼种池

续表

类型	面积（平方米）	池深（米）	长：宽	备注
鱼种池	1 300~3 000	2.0~2.5	2~3：1	
成鱼池	3 000~10 000	2.5~3.5	3~4：1	
亲鱼池	2 000~4 000	2.5~3.5	2~3：1	应接近产卵池
越冬池	1 300~6 600	3.0~4.0	2~4：1	应靠近水源

3. 塘埂

塘埂结构对于维持池塘的形状、方便生产以及提高养殖效果等有很大的影响。塘埂一般用匀质土筑成，埂顶的宽度应满足拉网、交通等需要，主塘埂一般在1.5~4.5米间，支塘埂不小于0.6米；塘埂的坡度大小取决于池塘土质、池深、护坡与否和养殖方式等。一般池塘的坡比为1：1.5~3，若池塘的土质是重壤土或黏土，可根据土质状况及护坡工艺适当调整坡比，池塘较浅时坡比可以为1：1~1.5（图5.1）。

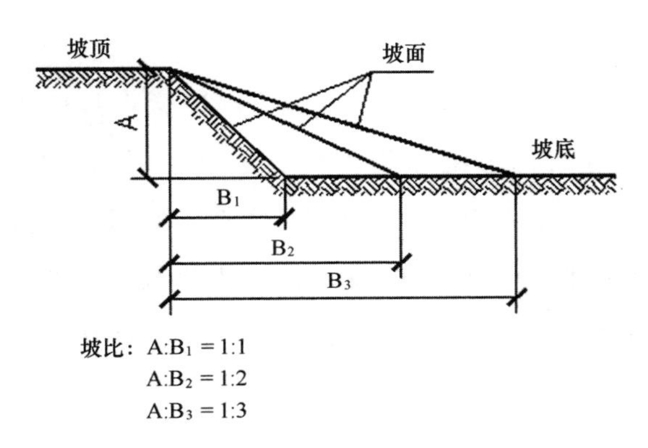

图5.1　坡比示意图

4. 护坡

护坡具有保护池形结构和塘埂的作用，但也会影响到池塘的自净能力。一般根据池塘条件不同，池塘进排水等易受水流冲击的部位应采取护坡措施，常用的护坡材料有砖石、水泥预制板、混凝土、防渗膜等。采用水泥预制板、混凝土护坡的厚度在5厘米以上；防渗膜材料应选择350克/米^{2}以上的材质，垂直高度不小于2米；砖石砌坝应铺设到池底（图5.2）。

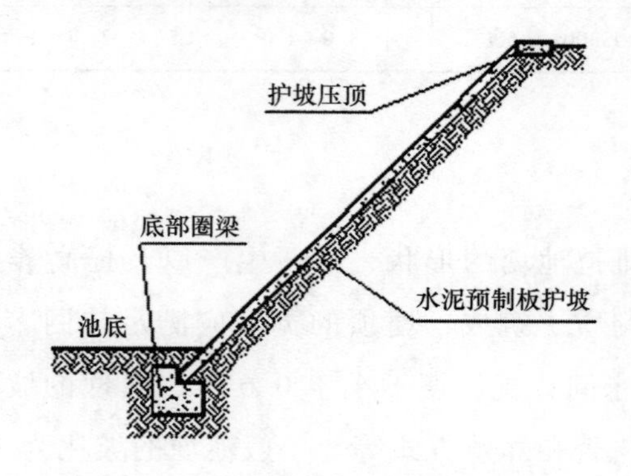

图5.2　水泥预制板护坡示意图

5. 塘底

池塘底部要平坦，为了方便池塘排水、水体交换和捕鱼，池底应有相应的坡度，并开挖相应的排水沟和集鱼坑。池塘底部的坡度一般为1∶200~500。在池塘宽度方向，应使两侧向池中心倾斜。面积较大且长宽比较小的池塘，底部应建设主沟和支沟组成的排水沟。主沟最小纵向坡度为1∶1 000，支沟最小纵向坡度为1∶200。相邻的支沟相距一般为10~50米，主沟宽一般为0.5~1.0米，深0.3~0.8米（图5.3）。

6. 进、排水系统

池塘的进、排水系统要相对独立、完善，并能实现自排自灌。

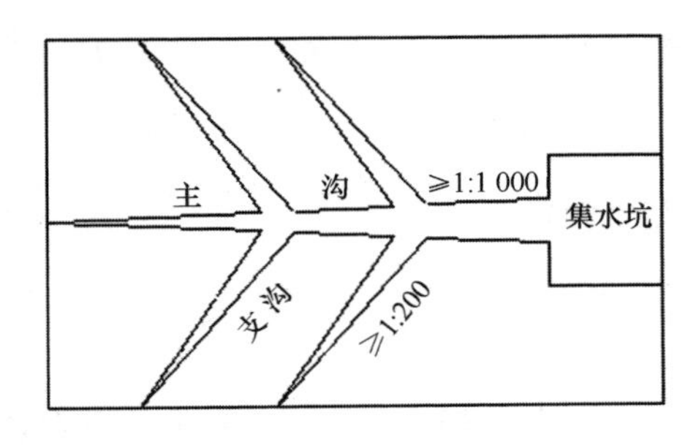

图 5.3 池塘底部沟、坑示意图

7. 设备

先进的养殖设备不仅能提高养殖产量，规避养殖风险，又可降低养殖劳动强度。标准化的养殖池塘应配备必要的增氧机、投饵机、水质监测设备、机械化的起捕鱼机械等。

第三节 鱼 种

一、鱼种选择

要求鱼种体质健壮，规格整齐，体表光滑，无伤无病，游泳活泼，溯水力强；苗种为正规厂家生产，如取得各级苗种生产许可证的资格单位，有苗种质量追溯机制，或自行繁育选育的苗种供自己使用的。

二、鱼种消毒

苗种放养前必须先进行鱼体消毒，以防鱼种带病下塘。一般采用药浴方法，常用药物用量及药浴时间有：3%～5%食盐 5～20 分钟；15～20 毫克/升的高锰酸钾 5～10 分钟；15～20 毫克/升的漂白粉溶液 5～10 分钟。药浴的浓度和时间须根据不同的养殖品种、个体大小和水温等情况灵活掌握，以淇河鲫鱼不出现严重应激为度。苗种消毒操作时动作要轻、快，防止鱼体受到损伤，一次药浴的数量不宜太多。

三、鱼种投放

应选择无风的晴天，入水的地点应选在背风向阳处，将盛苗种的容器倾斜于池塘水中，让苗种自行游入池塘。经过长途运输的鱼苗，在下塘前必须先经过1~2小时暂养，饱食后再下塘。

四、放养模式

淇河鲫鱼属于杂食性鱼类，养殖模式可以单养、混养。在小型库塘、池塘多采用混养模式，网箱多采用单养模式。

根据池塘条件、市场需求、鱼种情况、饲料来源及管理水平等因素合理确定淇河鲫鱼和配养鱼品种与比例。合理的混养不仅可有效利用池塘水体空间，实现立体养殖，而且可以有效改善水质，减少鱼病发生，提高单位水体的养殖产量。淇河鲫鱼配养的鱼不能同其产生食物竞争，一般不搭配放养鲤鱼、草鱼。搭配放养的鱼应该能够吃掉水中的有机碎屑和部分病原菌，如鲢鱼、鳙鱼和匙吻鲟。搭配品种的比例一般为放养鱼的20%。

第四节　饲料选择及注意事项

鱼类在其生命的全过程中需要蛋白质、脂肪、糖类、维生素和无机盐等五大类营养物质，这些营养物质参与构成鱼体组织和生理活动，如果缺乏其中一种或多种营养物质供应不平衡，将会导致鱼生长缓慢，容易发病、甚至引起鱼类死亡等。因此，从事水产养殖生产，除大型的水产养殖企业自己有饲料生产厂外，大部分养殖企业和养殖户都要从市场上采购饲料。选择一个品牌好的饲料，养殖可起到事半功倍的效果。在一个养殖周期内，频繁的更换饲料厂家与品牌，养殖效果则没有保证，而且还给养殖者造成很大的心理负担。相反，在了解鱼类对各种营养需要的基础上，科学选用饲料，才能保证鱼类健康，生长正常。

一、饲料选择

1．原料选择

选择饲料原料时，除考虑价格因素外，更重要的是考虑原料的营养水平、原料的可消化率及原料质量的变异对配方质量的影响。

（1）蛋白源

鱼粉是水产饲料的主要动物蛋白源，但由于价格因素，目前正在寻找鱼粉的替代物，肉粉、骨粉等经常被选用替代鱼粉。大豆饼粕、菜籽饼粕等植物性蛋白源也长用来代替鱼粉来使用，但比例都不能太大。

（2）磷源

磷是矿物元素中鱼类最需要的元素之一。饲料来源不同，其所含磷的生物利用率差异很大。鱼类对磷酸二氢钙的利用率最好，其他动物性蛋白质原料中的磷利用率也不是很好。

（3）微量元素

像所有动物一样，淇河鲫鱼生活需要适量的微量元素。近年来发现，有机微量元素的效价一般高于无机微量元素，可减少微量元素在饲料中的添加量，减轻动物微量元素排泄对环境造成的污染。氨基酸微量元素螯合物对于促进鱼类生长，提高饲料转换率和鱼的成活率，具有明显效果。

（4）抗营养因子

在植物原料和鲜活的鱼中，天然存在的一些物质会影响鱼的生长。如生豆粕中含有胰蛋白酶抑制因子，会降低赖氨酸的利用率；棉粕中的棉酚，可引起各种器官组织的破坏，并抑制生长；菜粕中的芥子酸，可引起脂肪的积累。

2. 选择厂家

饲料生产厂家要有一定规模，技术力量雄厚，生产资质和产品手续完备，售后服务到位，信誉度高。其所生产的饲料，质量有保证，营养配合平衡而全面，饲料中不添加任何违禁物质，不同批次质量一致，适口性好，鱼类摄食后生长快，不会出现营养不良症或产生应激反应。

选择这种厂家生产的产品，往往能获得较好的经济效益。

3. 产品选择

一是选用专用料。在淇河鲫鱼养殖过程中，应尽可能选用专用淇河鲫鱼饲料，在没有专用饲料的前提下，可选用鲤鱼饲料来代替。在不同养殖阶段应使用不同的饲料，在鱼苗阶段，饲料对蛋白质的要求高，可达45%，鱼种阶段38%，成鱼阶段30%左右。除考虑蛋白质外，还要考虑脂肪、能量、氨基酸、脂肪酸、微量元素和维生素的需要。

二是料的粒径要适合鱼口的大小。选用饲料时必须根据养殖对象规格及口径大小等确定饲料的颗粒粒度，如果粒径太小，鱼必须经过多次摄食才能吃得饱，需要消耗大量的体力。鱼类在放养时，规格小，生长慢，此时适宜使用粒径在2毫米的颗粒饲料；随着鱼类的长大及水温的上升，饲料粒径应调整到3~3.5毫米，在养殖后期则选择粒径4~4.5毫米的饲料。优质全价配合饲料从外观来看，颗粒粗细均匀，长短一致，颗粒长度是粒径的1.5~2倍，无过碎或过长的饲料。

三是料的整齐度和一致性好。料的表面颜色一致，味道相同，投入水中发散后残留颗粒大小差异小。

四是黏合糊化程度好。要求袋中无粉尘集中现象，饲料颗粒外表光洁致密，不粗糙松软，这样的饲料水中稳定性好，可保持浸泡水中20秒内不吸水变形。

五是饲料含水量要适当。优质淇河鲫鱼全价配合饲料含水率约为12%，正常情况下可保存3个月以上而不发霉变质。饲料含水分太少，则硬度过大，不利于鱼类消化；饲料含水量太多，则容易霉变，保质时间短。

六是饲料的适口性和色泽要好。优质全价配合饲料颜色均匀自然，气味淡香，口感略咸；若饲料颜色偏重于某种原料的颜色，或颜色不均匀，表明饲料原料品质较低劣或加工时混合不均匀，成品饲料的质量就没有保障。

七是标识清楚。主要内容有：组分质量参数，保存要求，生产日期与保质期，使用方法及注意事项等。

4. 饲料安全要求

所选饲料应对淇河鲫鱼无毒无害，不对水环境造成污染，并且以其养出的淇河鲫鱼对人类的健康无危害。所以，加工淇河鲫鱼用饲料所用的原料应符合各类原料标准的规定，不得使用受潮、发霉、生虫、腐败变质的及受到石油、农药、有害金属等污染的原料，若用皮革粉应经过脱铬、脱毒处理；大豆原料应经过高温破坏蛋白酶抑制因子的处理。此外，使用的鱼粉质量应符合SC 3501的规定，鱼油质量应符合SC/T 3502中二级精制鱼油的要求；使用的饲料、辅料（添加剂）应符合《饲料卫生标准》（GB 13078—2001）的规定，配合饲料的安全指标限量应符合《无公害食品 鱼用配合饲料安全限量》（NY 5072—2002）的要求。尤其是不得在饲料中添加国家禁止使用的药物或添加剂，如已烯雌酚、喹乙醇等，也不得在饲料中长期添加抗菌的药物等。

二、饲料选择注意事项

1. 不跨品种

饲料在选择上，要注意一个品种一种饲料，不能跨越品种选用饲料，尤其是不能选猪禽等饲料来投喂淇河鲫鱼，这样既会造成饲料浪费，同时还污染水源，对环境造成不利影响。即使在淇河鲫鱼不同生长阶段，也应选择不同的饲料配方，原因在于不同生长阶段对营养要求是各不相同的。

2. 质量优先

饲料成本占养殖成本比例平均达70%左右，养殖户为取得较好的经济效益，降低饲料成本是非常重要的。因此，往往有些人片面认为投资少，成本就低，倾向于选择价格较低、饵料系数较高的饲料，尤其是经济不发达地区这种认识更为突出。然而，饲料使用结果并不是这样，现以如下面计算予以说明：

单位鱼产量饲料成本=饵料系数×饲料价格

由此看出，单位鱼产量饲料成本是由饵料系数和饲料价格共同确定的，在选择饲料时可有两种选择：A饲料饵料系数2.0，吨价2 800元；B饲料饵料系数1.5、吨价3 400元。

在不考虑其他因素影响的条件下，其使用结果：A饲料增重1千克鱼肉成本=2.0×2.8元/千克=5.6元/千克；B饲料增重1千克鱼肉成本=1.5×3.4元/千克=5.1元/千克。即B饲料比A饲料产鱼每千克可节约成本0.5元，生产每吨鱼可节约成本500元，那么大规模养殖节约成本是可观的。

除此以外，使用价格高质量好的饲料，在单位时间内增肉量也多，鱼体规格也较大，这就为提前上市打下了基础，减少了养殖过程中的风险，同时提前上市往往能获得较理想的价格，从而取得更大的经济效益。

使用质量好的饲料，其营养成分大部分被鱼体所吸收利用，减少了水体因投喂饲料造成的水质污染，保护了生态环境，是水产养殖生产中节能减排、环境友好的具体表现。

以上结果可看出，在饲养中选择饵料系数低、价格高的饲料，只要其质量好，应该是我们的首选饲料。当然，质量好、价格低更受我们欢迎。

第五节　渔药选择与正确的给药技术

渔药是指用于预防、控制和治疗鱼类病虫害，促进淇河鲫鱼健康生长、增强机体抗病能力，改善养殖水体质量以及提高增养殖渔业产量所使用的物质。渔药包括水产动物药和水产植物药。

一、渔药选择

渔药市场品种琳琅满目，质量参差不齐。在选用渔药时首先要保证渔药是出自正规生产厂家的产品。即所选渔药标示要清楚，产品除了标明主要成分、性状、作用与用途、用法与用量外，还应标明批号、有效期和休药期。其次要保证用药的可行性。任何一种药物都不能包治百病，必须对症用药，由寄生虫引起的病，应选用灭虫药物；由细菌性引起的细菌性疾病，则应选用抗菌类的药物内服加外治。如果选用药物不当，不但起不到治疗鱼病的目的，还会延误病情。第三，要注意药物对不同养殖鱼类的适应性。例如敌百虫可用于常规的养殖鱼类，但不能用于淡水白鲳等。总之，所选渔药应具备如下功能：一是预防和治疗疾病；二是改良水质环境和消灭、控制敌害生物；三是增进机体健康、增强机体抗病力和促进生长。

应用渔药时要综合考虑水生生物和环境因素。渔药使用不当时，可直接或间接地影响动物机体健康或环境与生态，甚至通过食物链影响人体健康。

渔药只有正确使用才不至于产生公害，才能保持和改善生产区域的生态平衡，保证水体不受污染，保持各种水生生物种群的动态平衡和食物链网的合理结构，确保水生生物资源的再生和永续利用。

二、渔药使用原则

1. 基本原则

渔药的使用应以不危害人类健康和不破坏生态环境为基本原则。

2. 预防为主、防治结合

鱼类病害一旦发生，治疗难度较大，有的甚至无法治疗，所以必须坚持预防为主、防治结合的原则。从消除病原体、改善养殖环境、科学投喂、增强鱼类自身免疫力、防止机械损伤等方面着手，从健康养殖的角度来考虑，积极采取综合预防措施，以减少疾病的发生，若发现病害要及时进行正确治疗。

3. 不使用国家禁用渔药

应严格遵照国家和有关部门的有关规定，坚决不使用禁用渔药和未经取得生产许可证、批准文号和没有生产执行标准的渔药。允许使用的渔药，也要符合《无公害食品 渔用药物使用准则》等有关规定。

4. 积极推行“三效”和“三小”渔药

所谓“三效”，即高效、速效、长效，三小即毒性小、副作用小、用量小。提倡使用水产专用渔药、生物源渔药和渔用生物制品。用于人体疾病治疗的药物和新近研发的新药，坚决杜绝在鱼病防治中使用。

5. 防止滥用和盲目用药

施药前首先要确诊所患何种疾病，病因是什么，发病程度如何，然后进行对症下药，防止滥用渔药和增大用药量，增加用药次数、延长用药时间。

6. 不可长期单一用药

长期使用一种药物防治鱼病，易使鱼类产生耐药性，从而降低治疗效果。因此，即使治疗同一种鱼病，也应注意用作用相似的不同药物轮换使用。

7. 注意拮抗性和协同性

两种或两种以上药物同时使用时，应考虑能否混用。如含氯石灰不能与酸类、福尔马林、生石灰等混用；硫酸铜不能与氨溶液、碱性溶液、鞣酸及其制剂混用；敌百虫不能与碱性药物、阿托品等混用。

高锰酸钾不能与有机物、氨及其制剂等混用；福尔马林不能与含氯石灰、高锰酸钾、甲基蓝等氧化性药物混用；磺胺类药物不能与酸性液体、生物碱液体、碳酸镁类、含硫氧化物、苯胺类药物等混用，等等。

化学药品与微生物制剂混用会使药效大为降低；硫酸铜和硫酸亚铁混用，则可使药效增强，从而提高鱼病的防治效果。

8. 内服外用结合

同时采取内服和外用的措施防治病害，可起到较好的治疗效果。尤其是细菌性鱼病，渔药内服和外用结合，效果更好。

9. 慎用抗菌素

在防治鱼类病害时，要慎用抗菌素，必须用时要有针对性，并且不可长期、过量使用。

10. 提倡使用中草药

中草药具有来源广泛、药效长、毒副作用小，不易形成药物残留等优点，是鱼类无公害养殖中渔药使用的主要方向。

11. 积极使用生物型渔药

积极使用微生物制剂，渔用疫苗等生物性渔药，不仅能够提高养殖对象的抗病力，促进生长，减少疾病的发生，而且还具有无残留、无毒性和改善水体水质的作用。

12. 注意用药次序

生产中常发生两种以上疾病或病虫害同时发生，要注意综合用药治疗。当养殖的鱼类同时发生细菌性疾病和寄生虫病时，则要交替使用杀菌和灭虫渔药，一般是先用杀虫药灭虫，后用杀菌药灭菌。

13. 用药量和用药时间

应根据水体体积或鱼体重量，以及每种鱼对药物的适用情况等，确定适宜的用药量，不要随意增大或减少使用量。全池泼洒药物，一般在晴天上午10：00或下午15：00—16：00，于上风头泼洒，内服药饵一般在停食1天后投喂。

14. 休药制度

休药期的长短，应确保上市鱼类药物的残留量符合NY 5070—2002的要求。

三、渔药的生产应用知识

1. 低温时杀虫药选用及注意事项

选用安全的精制敌百虫粉、敌百虫·辛硫磷粉、阿维菌素溶液等三种产品在低温时杀虫比较安全，它们均可与渔经高铜（硫酸铜、硫酸亚铁粉I型）配合使用，效果优于“老三篇”（晶体敌百虫+硫酸铜+硫酸亚铁）。

注意事项：① 水温较低，水质较瘦，用量计算要准确；② 药物要充分溶解稀释，全池均匀泼洒，以免药物残渣被鱼误吃；③ 精制敌百虫粉和敌百虫·辛硫磷粉在养虾、蟹、蛙及淡水白鲳等池塘禁用；④ 禁与碱性药物混用，不能用金属容器溶解及泼洒药物。

2. 高温季节鱼池用药注意事项

高温季节，水温较高，水质变化快，鱼病经常发生，用药较为频繁，且天气变化较频，因施药引起的事故屡有发生。因此，在施药时必须注意以下几个问题：① 当鱼池平均水深不到1米，水温在30℃以上时，慎用全池泼洒的方法施药，因为在这种条件下药物在水体中的反应速度很快，药物毒性较大，容易引起死鱼；② 在进行全池泼洒时，要准确计算水体，用药浓度要按常规用药的下限或减半使用较为安全，用药后，应在8小时内有人看管池塘，一旦发现异常情况，应及时加换新水抢救；③ 鱼在浮头或刚浮头结束时，不应全池泼洒用药；④ 药物要充分溶解后才能全池泼洒；⑤ 施药要从上风口向下风泼洒，增加均匀度；⑥ 施药时应避开中午阳光直射，宜在上午9：00—10：00或傍晚进行；⑦ 阴雨天气避免用药。

3. 菊酯类杀虫剂使用注意事项

水温低于20℃时慎用；鱼苗禁用；溶氧低、水质恶化、天气异常等情况禁用。水深超过2米，按2米计算用药量，并分两次泼洒，中间间隔为6小时。药物应充分溶解稀释，全池均匀泼洒。不能与碱性药物合用。

4. 有机磷杀虫剂使用注意事项

溶氧低、水质恶化、天气异常等情况禁用。

水深超过2米，按2米计算用药量，并分两次泼洒，中间间隔为2~6小时。水质较瘦，透明度超过30厘米时，按低量使用；苗种剂量减半。药物应充分溶解稀释，全池均匀泼洒。不能与碱性药物合用，不能用金属容器溶解及泼洒药物。

5. 氯消毒剂使用注意事项

溶氧低、水质恶化、天气异常等情况慎用。

水质较瘦、透明度超过30厘米时，用量酌减；苗种减半使用。

不能与碱性药物合用。不能用金属容器溶解及泼洒药物。

药物应尽可能用较清洁的水充分溶解稀释，并贴近水面均匀泼洒。

二氧化氯和复合亚氯酸钠溶解时应先放水，后放药，并边放边搅拌；严禁先放药后放水，以防爆炸伤人。

包装破损严禁贮运，勿与酸性、易燃物共贮混运，勿受潮。外袋破损应马上销毁。最好现购现用，切勿长期存放于生活场所。

二氧化氯和复合亚氯酸钠应现配现用，溶解后静置10~15分钟，待溶液颜色变成深黄色后泼洒；泼洒时力求贴近水面，尽量避免大风天气泼洒。

有风天气泼洒时，要从上风口开始向下风口泼洒。

含氯药剂都有一定的杀藻作用，用后注意增氧。

四、用药量的确定性与合理给药性

因水产养殖动物生活在复杂的水环境中，而水体理化因子如温度、盐度、酸碱度、氨氮和有机质（包括溶解和非溶解态）的含量，以及生物密度（生物量）等，都是影响药效的重要因素。一般认为，药效随盐度的升高而降低，随温度的升高而增强，通常温度每升高10℃，药力可提高1倍左右。水体的酸碱度（pH值）对不同药物也有不同的影响，酸性药物、阴离子表面活性剂等药物，在碱性水环境中的作用减弱；而碱性药物（如卡那霉素）及阳离子表面活性剂（如新洁尔灭）和磺胺类等，其作用则随水体pH值的升高而升高。又如漂白粉在碱性环境中，由于生成的次氯酸易解离成次氯酸根离子（ClO^-），因而作用减弱。除了上述因素外，水体中有机质含量及生物密度也会影响药物效应。有机质的大量出现，通常可减弱多种药物的抗菌效果，尤其是化学消毒剂更为明显。所以，药物的用量应注意以上这些问题。

确定用药剂量，在计算用药总量时，应根据不同的给药方式分别加以计算，用药剂量是疗效的保证，所以必须计算准确。

外用药应按水的体积计算，以“毫克/升”或“ppm”表示，如 1 立方米水体含药 1 克为 1 ppm，亦即 1 毫克/升。全池泼洒用药的计算，要求池塘水面积丈量准确，计算平均水深时，总测点应不少于 10 个，求其平均值。药浴用药的计算，要以药浴容器的容水量为准。

内服药一般是按鱼的体重计算，其前提是要准确掌握被治疗鱼类的存塘量。如 50 千克鱼内服肠炎灵 4.5~7.5 克；另一种是按饵料含药量计算，如 100 千克饵料添加肠炎灵 300 克，根据鱼摄食量投喂，若按鱼体重的 3%投饵，相当于每 50 千克鱼投饵肠炎灵 4.5 克；如果按 5%投饵，相当于每 50 千克鱼投喂肠炎灵 7.5 克。当病势严重时，鱼类的摄食量大减，这时应按实际的摄食率，提高饲料中的含药量，以保证摄食鱼能获得足够的治疗药量。至于使用的疗程多少，则应以病情轻重和病程缓急而定，病情重、持续时间长的疾病就有必要使用 2~3 个疗程，否则治疗不彻底，易于复发，同时也会使病原体产生抗药性。当一种药物未能在一次或一个疗程内治愈时，最好在下一次治疗时改用另一种药物，一般会取得较好的治疗效果。

根据鱼病的种类和药物的性质采用不同的给药方法。外用药一般是主要发挥局部作用，体内用药除驱肠虫药及治疗肠炎药外主要是发挥吸收作用，这是两种不同的给药方法。为提高疗效给药时，应注意以下几点：

① 泼洒药物时，应先喂食后泼药。所用药物要充分溶解，经稀释后全池均匀泼洒，对不易溶解的药物要充分搅拌，药渣不要投入鱼池中，以免鱼误食中毒。泼洒应先从上风处开始，逐步向下风处顺风泼洒，这样既可增加药液均匀度，又注意安全尽量减少药物对人体的伤害。泼洒的时间，要根据天气变化灵活掌握，使其发挥最佳药效。一般应在晴天上午 11：00 前或下午 15：00 后用药，雨天停用，阴天药效较差。夏季高温天气应避开炎热的中午，可在上午 9：00 前或傍晚进行，要注意清晨鱼浮头或浮头刚结束时不能用药，当然增氧剂除外。

② 制作内服药饵时，药物与饲料要混合均匀，同时注意药物与饲料添加剂间的相互作用，颗粒加工的大小要适口，喂前应先停喂1次或1天，再投喂药饵。病鱼康复后，投饲量应逐渐增加到常量，避免鱼类病体恢复后出现暴食。

③ 当多种鱼病并发时，应根据病情轻重缓急合理用药，一般先治疗危害较大的疾病；也可混合用药，以增加药效，降低成本。

五、渔药管理

渔药要存放于通风、干燥的环境里，避免因潮湿而发生变质失去疗效。要分类放置，有专人看管，进出库要有记录，建立用药处方制度，要有购药记录、用药记录。

第六节 鱼病防治

鱼病防治的关键在于防，必须坚持“防重于治”的原则，树立“治也是防”的鱼病防治观念，尽量采用生态防治鱼病的方法，避免鱼病的发生。

一、注重调节环境因子

淇河鲫鱼疾病主要是由于环境因子中致病因子恶化到一定程度而引起的。在实际操作中，应根据淇河鲫鱼鱼病发生的季节性，从以下几个方面着手去破坏致病因子，从而达到防治鱼病的目的：定期加注新水，排出池塘中部分老水；注意底质的调节，坚持中午开机增氧，偿还底质氧债，促进池底潜在的致病因子释放；定期泼洒生石灰，既能调节水体pH值呈中性偏碱，又能杀灭水中的有害病菌，还能使淤泥释放出无机盐，增加水体肥度；注意使用碳肥，保持水体中碳、氮比，利于水中浮游生物的繁殖与生长；使用微生态制剂，抑制有害因子，促进有益因子形成靶向作用。

二、做好消毒工作

1. 水体消毒

池塘水体是鱼类栖息场所，也是病原菌孳生的场所，水质的好坏直接影响到鱼体健康。池塘水质的消毒工作包括两个方面，即池塘清塘和养殖期间水体消毒。每年冬天池塘要做好清塘工作，尽量采用干法清塘，将池水放干，清除塘底过多淤泥，让阳光充分曝晒和低温冰冻，杀灭和消除淤泥中的病害微生物。清塘可使用生石灰、漂白粉等，从杀敌害、改善鱼池水质而言，尤其是塘底淤泥为酸性者用生石灰作用效果比较好。在养殖期间使用二氧化氯、碘附（I）对水质进行消毒，效果也非常好。虾、蟹、淇河鲫鱼混养的池塘，使用聚维铜碘进行水质消毒，是首选药物。网箱养殖一般不做水体消毒工作，但网箱设置地点要注意场地老化问题。

2. 鱼种消毒

在鱼种出塘、转池前都应进行鱼体消毒。消毒前应认真检验鱼体病原体，有针对性地采用药物对鱼体进行浸洗消毒。

3. 工具消毒

养鱼用的各种工具因不是专池专用，往往成为传播疾病的媒介，在已发病鱼塘使用过的工具，必须及时浸泡消毒，方法是用 50 毫克/升高锰酸钾或 200 毫克/升漂白粉溶液浸泡 5 分钟，然后以清水冲洗干净再使用，或在每次使用后置于太阳下曝晒半天后再使用，防止交叉感染鱼病。

4. 食场消毒

在淇河鲫鱼摄食旺盛的时期，也是病害频发时节，每半个月对食场消毒 1 次，方法是用漂白粉 250 克加水适量溶化后，泼洒到食场及其附近（应选择晴天在鱼体进食后进行）；或定期进行药物挂袋，一般每袋用量为漂白粉150克、敌百虫100克；或者采用铜铁合剂300克，连用3天。对于网箱养殖来说，最好的办法是定期药物挂袋。

5. 饲料消毒

在淇河鲫鱼养殖摄食季节，定期用恩诺沙星100克、鱼用多维宝100克、三黄散250克拌40千克饲料，制成药饵连续投喂3天，可有效防止淇河鲫鱼细菌性鱼病的发生。在保证饲料质量的前提下，投放饲料要定时、定位、定质、定量。“四定”的关键是定质，即饲料要新鲜、优质，这是提高鱼体疾病抵抗力的重要一环；其次是定量，投喂时不能时多时少，这样会诱发淇河鲫鱼肠道疾病。特别指出，腐败变质的饲料应作为垃圾处理，不应再投喂，以免引起鱼群中毒死亡。

6. 肥料消毒

主要指的是有机肥，不论是做基肥、还是做追肥，在施用时都必须经过腐熟、发酵处理，去除有害因子。有机肥腐熟处理的过程是：将有机肥平摊20厘米厚，撒一层生石灰，然后再在生石灰上平摊20厘米的有机肥，撒上一层生石灰，如此操作多次。然后将有机肥用塑料薄膜进行覆盖严实，经过15天发酵方可使用。生石灰的用量为有机肥重量的1%。

三、定期施用生物鱼肥

生物肥料不仅能够改善水质，维持水体藻相平衡，加速分解有害物质，净化水质，改良底质，减少病害侵袭鱼体，而且能增加肥水，提高鱼产量，提高经济效益。

四、及时治疗鱼病

认真观察鱼在水里的活动情况，发现鱼病征兆要及时抽样检查；发现鱼病要对症下药，及时治疗，防止鱼病蔓延，给生产造成更大的损失。

五、科学的饲养管理

要养好鱼，提高单位面积产量是关键。为此，每个养鱼生产者都要学会科学养鱼，掌握各个生产环节技术要点，做好各项预防措施。

第七节　日常管理

一、巡塘

养成每天早、中、晚巡塘的习惯，清除池边杂草，进排水口是否完好，观察鱼类活动是否正常、池水水位、水色变化情况等，发现问题及时采取措施。

二、定期加注新水

根据水质情况及时排出老水，补充新水，增加水体溶解氧，有效地改善水质。缺水池塘如遇水质老化或污染，可泼洒漂白粉 1 毫克/升消毒，保持水色为黄绿色或褐色，肥瘦适中，使池水透明度保持在 20~30 厘米为宜。

三、根据水质情况追肥

时间一般以 15~20 天施肥 1 次为好。施无机肥用氮肥 2~3 千克/亩和磷肥 1 千克/亩，混合后溶于水中全池泼洒；施有机肥应先发酵，每次用量 100~200 千克/亩，泼洒在池塘四周；施绿肥、堆肥则将肥堆在池塘下风处的一角，利用风浪使其流入池塘即可。在施用追肥的过程中，要注意碳肥的使用，这样更容易保证水质的优良。

四、改良不良底质

池塘经过一年时间的养殖使用后，往往沉积有大量的残饵、粪便和死亡的藻类等有机物，为病原菌的繁殖提供了适宜的环境，导致病原菌大量孳生，诱发各类细菌性鱼病。在底部溶氧不足的情况下，有机质不能及时转化成供藻类利用的有机酸，极易形成氨氮、亚硝酸盐、硫化氢等有毒有害物质，导致水体溶氧下降，硫化氢等有害物质浓度升高，造成中毒、缺氧等症状。在风浪、水体对流和交换等因素影响下，沉积于水体底部的不良底质可再一次进入水体，发生返水现象，诱发水质的二次污染。因此，对池塘的底质必须进行改良，保持水质良好状态。改良方法是：

1. 药物改良

① 底净活水宝，一次量，每立方水体 1~1.5 克，干粉全池泼洒，10~15 天 1 次。

② 水质保护解毒剂或水产用净水宝，一次量，每立方水体 1~1.5 克，全池泼洒。

③ 靓水 110，一次量 3 毫克/升，1 天 1 次，连用 1~2 天。

④ 活力菌素，一次量 0.3~0.5 毫克/升，7 天一次。

⑤ 好水素，0.4~0.7 毫克/升，每隔 15 天施用一次。

⑥ 驱氨净水宝，一次量 0.2~0.3 毫克/升，10 天一次。

2. 清塘改良

不良底质用药物方法进行改良，一般能使底质较快好转，但持续时间一般不长，容易反复，要想彻底改良底质，清塘是唯一有效的方法。

五、做好养殖日志

注意改善水体环境，确定专人做好养殖记录。此外，注意细心操作，以防止鱼体受伤；注意鱼池环境卫生，勤除池边杂草，勤除敌害及中间寄主，并及时捞出残饵和死鱼；定期清理、消毒食场。

六、上市销售

鱼类在达到养殖规格准备上市销售时，一定要注意鱼药休药期。休药期不满的严格禁止上市销售。同时要做好鱼类销售记录，并注意记录保存时间在两年以上，以备渔政部门检查和水产品质量安全追溯。

第六章
饲料营养与投饲技术

第一节 饲料营养

鱼类通过摄取足够的营养物质来要维持生理代谢，完成生命活动。对于养殖的淇河鲫鱼而言，营养物质必须通过摄食饲料来取得。因此在生产过程中，饲料选取的优劣，将直接影响养殖经济效益。

一、水分

水是鱼体组织中含量最多最重要的成分，是各种营养物质代谢的介质，饲料营养物质的消化、吸收、运输和代谢过程以及生命活动的维持，都离不开水。各种饲料都含有一定的水分，尤其是鲜嫩的植物，含水量更高，而成熟的籽实类含水量则适当降低。淇河鲫鱼属于以植食性为主的杂食性鱼类，在自然条件下，其喜食植物性食物，而冬季则喜食浮游动物、水生昆虫等动物性食物；在人工养殖的条件下，则以配合饲料为主。一般说来，养殖淇河鲫鱼配合饲料的含水量不得超过12%。

二、蛋白质

蛋白质是维持生命所需的营养物质，是构成生命的物质基础。它是复杂的有机化合物，由20余种不同的氨基酸按一定的比例组合而成。其中，精氨酸、组氨酸、赖氨酸、色氨酸、蛋氨酸、异亮氨酸、缬氨酸、苯丙氨酸、苏氨酸、亮氨酸等10种氨基酸在鱼体内不能自行合成，称为必需氨基酸；其余的氨基酸在鱼体内可自身合成，这类氨基酸称为“非必需氨基酸”。必需氨基酸是鱼类通过摄取外界的营养物质——饲料来供给。因此，配合饲料中蛋白质中所含的必需氨基酸种类、比例、多少同淇河鲫鱼机体蛋白质中必需氨基酸（表6.1）越接近，饲料蛋白质转化为鱼体蛋白质的量就越大，增肉效果就越好，饲料生物学价值就越高，品质也就越好。

表6.1　淇河鲫鱼蛋白质氨基酸含量表

氨基酸名称	含量（%）
ASP 天门冬氨酸	8.01
THR 苏氨酸	3.38
SFR 丝氨酸	2.65
GLU 谷氨酸	9.01
GLY 甘氨酸	4.17
ALA 丙氨酸	6.26
CYS 胱氨酸	0.68
VAT 缬氨酸	4.29
WET 蛋氨酸	4.66
ILE 异亮氨酸	3.97
LEV 亮氨酸	7.45

续表

氨基酸名称	含量（%）
TYR 酪氨酸	2.83
PHE 苯丙氨酸	4.32
LYS 赖氨酸	7.03
NH3 氨	0.39
HIS 组氨酸	1.97
ARG 精氨酸	4.60
IRP 色氨酸	
PRQ 脯氨酸	3.21
总和	80.49

动物对蛋白质的吸收利用，是将饲料蛋白质消化降解为氨基酸，然后按照动物合成蛋白质中氨基酸组成比例利用饲料中的氨基酸。如果其中一种氨基酸比例低于合成蛋白质中相应氨基酸比例，其他氨基酸再多也不能被利用。这就好比木桶，其盛水多少取决于木桶短板的高低，其他长板再长，也是浪费。这就是蛋白质中必需氨基酸“木桶模式”吸收。淇河鲫鱼所需的必需氨基酸中，往往缺乏赖氨酸、蛋氨酸和色氨酸，它们被称为限制性的氨基酸。在这三种限制性氨基酸中，赖氨酸是最容易缺乏的，称为第一限制性氨基酸，蛋氨酸次之，称为第二限制性氨基酸。在配制配合饲料的过程中，就要适当增加限制性氨基酸的比例，使其适应淇河鲫鱼生长的要求。

在选取原料配制淇河鲫鱼饲料的过程中，还要充分考虑原料蛋白质的性能，有些虽然蛋白质含量高，但可消化或可利用蛋白质的量、必需氨基酸的种类数量和平衡模式等与养殖鱼类不相适应，难于被鱼类吸收和利用，造成了蛋白质的浪费，同时其排出体外后，对环境也造成污染。同时，饲料中营养比例也要随着养殖季节、养殖规格进行适当调整，一般情况下，淇河鲫鱼对蛋白质的需求范围在28%~34%。随着淇河鲫鱼体重增长蛋白质需要量逐渐降低，鱼苗期对饲料蛋白质的需要量明显要高于鱼种期、成鱼期的需要量。夏秋季节水温高，可适当降低配合饲料中蛋白质的质量，而越冬后水温低，鱼类摄食能力小，必须提高饲料蛋白质的含量或增加脂肪来满足鱼类能量的需求。

三、脂肪

脂肪是由碳、氢、氧三种元素组成的化合物，它不溶于水，溶于乙醚、氯仿和苯等有机溶剂，脂肪在鱼类生命代谢过程中主要的生理功能是为鱼类生命活动提供能源。氧化1克脂肪所产生的生理热量相当于等量的蛋白质和碳水化合物的2.25倍。研究证实，在饲料中添加适量的脂肪，可提高饲料的可消化能量，又可节约蛋白质。其次，脂肪还有助于脂溶性维生素的吸收和在体内的运输，为提供鱼类必需的脂肪酸，可以作为某些激素和维生素的合成材料等功能。

饲料中的脂肪不能直接被鱼体吸收利用，必须经过消化酶将其分解为甘油和脂肪酸后才能被鱼体所利用，其中一部分作为能量被鱼体消耗，大部分则作为脂肪被转存于体内，作为营养不足或越冬停食后的主要能量来源。

鱼类饲料中脂肪含量也并非越多越好，在饲料中添加大量的脂肪，会使鱼体内积累脂肪过多，使鱼显得病态，品质下降，影响食用价值。而且，脂肪含量在体内积累过多，引起鱼类脂肪性疾病如脂肪肝等，还容易引起出肉率的降低和冰冻贮存过程中酸败加速。在人工养殖淇河鲫鱼条件下，饲料中的脂肪含量应维持在4%~10%。如果饲料中脂肪含量较高，在制作配合饲料时要向饲料中添加1%的卵磷脂，可防止脂肪的氧化，延长饲料的保存时间。

脂肪酸是脂肪的重要组成部分，它种类很多，鱼类必须从饲料中获得体内不能合成或合成量不足的脂肪酸，这部分脂肪酸称为必需脂肪酸。淇河鲫鱼的必需脂肪酸主要有亚油酸、亚麻酸和花生四烯酸，这三种酸普遍存在于动、植物油内，在饲料中添加动、植物油可保证淇河鲫鱼所需的必需脂肪酸的获得。如果缺乏，鱼类的生长停滞，抗病能力差，越冬存活率低。

四、碳水化合物

碳水化合物是饲料中需要量较大的营养成分，是最廉价的饲料能量，包括单糖（如葡萄糖、果糖等）、双糖（如蔗糖、乳糖等）和多糖类（如淀粉、纤维素等）。虽然鱼类对它的利用能力不及脂肪或蛋白质，可利用能值也没有脂肪与蛋白质高，但其来源广，价格低，制料稳定性较好，目前依然在鱼饲料中占有较大的比例。

鱼类对各种糖的消化率不一样，对单糖的利用率最高，其次是双糖和较简单的多糖类（如糊精、淀粉等），最差是粗纤维。

淇河鲫鱼饲料中的糖类适宜含量在30%左右为宜，如果在饲料中搭配过多的碳水化合物，会降低淇河鲫鱼对饲料中蛋白质的消化率，影响食欲，阻碍生长。同时，由于过量的碳水化合物转变为脂肪积累起来，就会影响肝脏的新陈代谢，造成脂肪肝，使鱼生病而大批死亡。

五、维生素

维生素是一类低分子量的活性物质，是鱼类生长代谢过程中所需的不可缺少的微量营养素，但维生素在维持生物体的正常生长发育方面起着重要的作用。维生素一般不能或少有在鱼体内合成，必须从食物中获得。维生素参与调节鱼体内新陈代谢的正常进行，提高生物体对疾病的抵抗能力，一旦缺乏，轻则引起生长减慢，重则导致生长停滞、新陈代谢失调，产生各种维生素缺乏症。

维生素已发现有20余种，其化学性质各异，按其物理性质可将其分为两大类，水溶性维生素和脂溶性维生素。前者包括B_1（硫胺素）、B_2（核黄素）、B_6（吡哆醇）、B_3（泛酸）、B_5（烟酸）、H（生物素）、B_{12}（钴胺素）、叶酸、胆碱、肌醇、C（抗坏血酸）等；后者包括维生素A、D（骨化醇）、E（生育酚）、K等。

脂溶性维生素在鱼体内运转缓慢，可在鱼体内积存，喂量多时容易产生过剩症；水溶性维生素在鱼体内消耗速度快，即使喂量很多，几乎不在体内积存，缺乏时容易较快地表现出缺乏症。

下面简略介绍几种维生素的作用和维生素缺乏症。

1. 维生素B族

这类维生素包括种类较多，它们的化学结构与生理功能也各不相同。多数都参与体内酶的组成，调节体内的物质代谢，对维持生理机能正常起着重要作用。缺乏维生素B族中各种维生素所引起的症状如下：

（1）维生素B_1（硫胺素）

为一种白色或结晶性粉末，有臭味和苦味。

缺乏症：引起神经机能性障碍，如无休止地运动、扭曲、痉挛、常碰撞池壁、肌肉萎缩、失去平衡、肝苍白、水肿、不吃食、生长缓慢。

维生素B_1与维生素C有协同性；与维生素B_2、维生素A、维生素D有拮抗性。缺乏维生素B_1时，可因维生素A过剩而使症状恶化。

（2）维生素B_2（核黄素）

为橘黄色结晶性粉末，微臭，味微苦。

维生素B_2具有提高蛋白质在体内沉积、提高饲料利用率、促进鱼体正常生长发育的作用。缺乏症：胃肠功能紊乱，表皮及鳍出血，厌食、生长不良。

（3）维生素 B_3（泛酸）

为白色结晶性粉末，无臭，味微苦。

缺乏症：鳃呈畸形，且出现渗出物，厌食，生长缓慢，免疫力降低。

（4）维生素 B_5（烟酸）

为无色结晶粉末，无臭，味微苦。

缺乏症：为食欲减退、皮肤、鳍出血、溃疡，贫血，死亡速度快且死亡率高。

（5）维生素 B_6

缺乏症：表现为食欲差、痉挛和高度兴奋。

（6）生物素

缺乏症：一般表现为生长不良，皮炎以及鳞片脱落。

（7）叶酸

缺乏症：生长迟缓，不活跃，肤色深。

（8）胆碱

缺乏症：肝肿大，脂肪肝。

氯化胆碱具有强烈的吸湿性，碱性极强。较强的碱性可破坏水溶性维生素 C、维生素 B_1、维生素 B_2 泛酸、维生素 B_5 及脂溶性维生素如维生素 K 等。另外，氯化胆碱与蛋氨酸有协同作用。

（9）生物素

缺乏症：皮肤变淡，出血，多黏液。

（10）肌醇

缺乏症：无活力，皮肤发黑，少黏液，生长不良。

2. 维生素 C

这种维生素比较普遍地存在于各种鲜草（青饲料）中，参与细胞间质的生成及体内还原反应，并有解毒作用。它对增强鱼类的抗病力和提高鱼类对缺氧、低温的适应能力方面，都具有重要作用；缺乏时会引起鱼类脊椎变形，皮肤、肌肉和内脏出血。

维生素 C 具有很强的还原性，其水溶液呈酸性，可使维生素 B_{12}破坏失效，所以两者不可同时制成一个饲料添加剂剂型。维生素 C 与维生素 A 有拮抗作用，与维生素 B_1、维生素 D 有协同作用。

3. 维生素 A

一般黄绿色植物中都含有胡萝卜素，后者在动物体内可以转化为维生素 A，动物的肝脏中含量较多。它的作用主要维持视力正常以及细胞的正常生长增殖。鱼类缺乏维生素 A，会发生眼球突出、白内障、腹腔水肿、肾出血和脱鳞等症状，甚至厌食死亡。

4. 维生素 D

这类维生素在一般的饲料中含量较少，但在家畜的肝脏内含量丰富。它具有促进鳃和肠道吸收钙磷的功能，调节血液中的钙磷平衡，并加速钙在骨骼和肌肉中的贮存。鱼类通常不易发生维生素 D 缺乏症，偶有表现为肝脏含脂量增加、痉挛或生长减慢。

5. 维生素 E

它具有促进鱼体新陈代谢、增强血液循环、防止组织衰退及调整性腺等功能。缺乏时引起鱼体肌肉萎缩、腹腔水肿、脂肪氧化中毒使肝脾显黄、性腺发育迟缓、体重下降等症。

6. 维生素 K

缺乏时表现为贫血，出血。

维生素 K 对维生素 E 有拮抗作用，并且能够抑制血小板的凝聚，降低血液凝固性。因此，不要同时内服使用。

维生素广泛存在于各种鲜活食物中，在天然水域中，淇河鲫鱼很少发生维生素缺乏症。在人工养殖条件下，淇河鲫鱼对摄取的配合饲料中由于大多数维生素具有不稳定性而易被破坏，造成维生素缺乏，通过加喂谷芽、麦芽和浮萍等可补充维生素营养。

六、无机盐

灰分又称矿物质或无机盐，是饲料燃烧后剩下的残留成分，包括混入饲料中的泥沙等，所以又称为粗灰分。鱼体中的矿物质含量一般为3%～5%，其中常量元素（含量在0.01%以上者）主要有钙（Ca）、磷（P）、镁（Mg）、钾（K）、钠（Na）、硫（S）、氯（Cl）等。另有多种微量元素（含量在0.01%以下者），如铁（Fe）、铜（Cu）、锌（Zn）、锰（Mn）、钴（Co）、钼（Mo）、碘（I）、铬（Cr）、氟（F）、硒（Se）等，它们是鱼体的重要组成成分，也是维持有机体正常生理机能不可缺少的物质。

鱼类生活在水中，可通过渗透和扩散等多种途径，直接从水中吸取一部分无机盐，但无机盐的主要来源还是饲料。

钙和磷是构成鱼体骨骼的重要组成部分，钙和磷的缺乏，会直接影响鱼体骨骼的发育，产生软骨病或畸形。精饲料中总的矿物质含量一般为4%，可满足鱼类的需要。

第二节　饲料营养价值判定

养鱼产量的高低和经济效益的好坏，在很大程度上同饲料的营养价值有很大关系。饲料营养价值全面，饲养出来的淇河鲫鱼体质健壮，生长良好，否则鱼体质差，经常发生鱼病，给生产带来很多不利因素。

一、感官判断

目前，在渔业生产中大部分都采用配合颗粒饲料，单一饲料则较少采用。

市场上饲料品牌很多，伴随着配合饲料生产技术的参差不齐、追求效益及诚信等问题，在质量和档次上也存在着很大差异，养殖生产者无法判断其质量的优劣。在生产过程中，可通过一些简单易行的颗粒饲料感观鉴定法，即“眼看、鼻闻、手捻、水泡”，初步判断饲料质量的优劣。

1. 眼看

（1）看颜色

通过观察配合颗粒饲料的颜色，可以初步判断配合颗粒饲料是采用哪种主要原料制成的。一般情况下，料的颜色稍黄，配合饲料中则较多使用鱼粉和豆粕；料的颜色暗红，配合饲料中较多使用杂粕；料的颜色发灰白，则是次粉使用较多的表现。

（2）看整齐度和光泽度

配合饲料粒度表面均匀光滑，断面整齐，长度为直径的1.5~2倍，粉化率不超过1%，有光泽，说明料的质量好；配合颗粒饲料粒度粗糙，断面不齐，粉化率较高，无光泽，说明料的质量不十分理想。

（3）看沉水性

投喂颗粒鱼饲料时，保证饲料具有一定的浮力和沉水速度是必要的，鱼在水体上表层摄食，不但可以节约饲料也便于观察鱼的摄食情况。一般鱼饲料应保证在水面浮3~4秒。沉水太快，鱼类来不及摄食，会造成浪费；浮水时间太长，则证明该饲料的粗纤维含量较多，品质差。当然，膨化饲料浮水时间长，料的质量则比较好。

2. 鼻闻

配合颗粒饲料在制成后，都或多或少地散发出原料特有的香味。抓起一把刚开袋的饲料放在鼻前闻一下，若发现有异味，说明原料质量欠佳，或水分超标、导致贮存时变质。

3. 手捻

将鱼饲料放到手中用手指捻几下不碎即可，但不能太硬。若一捻即碎，说明其饲料硬度不够，搬运中粉化率较高，易造成饲料浪费；硬度太大，适口性较差，影响饲料在消化道中的运动，易引起鱼类肠炎病的发生。

4. 水泡

将饲料放入水中，观察饲料散开的时间，一般饲料 3~5 分钟后完全散开是正常的，饲料散开时间太短，易造成鱼类消化道发胀，影响其摄食量；饲料散开时间太长，影响鱼类肠道蠕动，不利于鱼类消化吸收。

二、饲料评定指标

正确地评定饲料的营养价值是养鱼饲料科学的重要组成部分，也是养殖者在选取饲料时参考的一个重要指标。

评定饲料的优劣，涉及的方面较多，既要看饲料本身所含的营养成分，尤其是蛋白质含水量的多少，又要结合实际对饲料的消化吸收利用的程度如何来加以考虑。传统的常用的也是最直观的方法是用营养成分、饲料系数和饲料效率三个指标来确定。

1. 营养成分

饲料中营养成分齐全，蛋白质含量高，且多为优质蛋白，鱼生长良好，则饲料的营养价值就高。

2. 饲料系数

饲料系数又称增肉系数，是指养殖对象增加一个单位重量鱼肉所需消耗饲料的重量。具体计算方法为：

$$饲料系数=饲料消耗量/增重量\times100\%$$

饲料系数越低，说明该饲料转化率提高，饲料使用效果越好。

影响饲料系数的主要因素包括：饲料的制作方法与工艺、投饲的数量与次数、饲料的营养成分、喂养鱼的种类与年龄、水质等因素。

3. 饲料效率

饲料效率又叫饲料报酬、饲料增重比和料肉比，是指饲料对鱼体增重效率，用以表示饲料被鱼消化吸收后生长增重的利用率。

计算式为饲料系数的倒数。即：

$$饲料效率=\frac{1}{饲料系数}=\frac{增重量}{饲料消耗量}\times 100\%$$

在正常情况下，营养价值较高的饲料，其饲料效率较高。不过，受鱼的种类和年龄的不同，水温、DO 和投饲技术等因素影响，在具体评判时会出现一些误差。

第四节　投饲技术

投饵是项操作性较强的工作，要求饲养者要有较强的责任心和丰富的经验。随着水产养殖水平的提高，渔用配合饲料被普遍接受，单位养殖面积投喂饲料量逐年增加。目前，许多池塘中饲料成本已占整个养殖成本的 70%～80%，提高渔用饲料的投喂技术，满足鱼类对营养物质的需求，较好地发挥饲料的最大转化率，减少浪费显得十分重要。

一、投饵量的确定

在生产前要对全年的养殖生产有一个严密的计划，尤其是全年饲料计划，确保饲料及时投喂，满足淇河鲫鱼不同生长阶段营养需求。

1. 全年饲料量

根据淇河鲫鱼预计年产量、饲料系数，初步计算出全年需要饲料量。计算方法为：配合饲料全年需要量=预计产量×饲料系数。

2. 月投喂量

月份投喂量一般根据淇河鲫鱼养殖情况，参照当地天气、水温、水质、规格等，制订出月份投喂量占比（表 6.2）。

表 6.2　淇河鲫鱼月投喂饲料占比

月份	4	5	6	7	8	9	10
占比（%）	2	4	12	30	32	15	5

计算式为：

月份投饵量=全年投饵量×月份比例

在其他月份，在天气晴好时，也应少量投饲，做到早投饵、不掉膘。

3. 日投饵量

求出全年投饵量后，再根据各月份分配比，确定日投饵量。计算式为：

日参考投饵量=水体吃食鱼总重量×（相应水温、规格）参考投饵率

式中，投饵率为每 100 千克鱼每天投喂饲料数（千克）。

影响投饵率的因素有鱼的规格、水温、水中溶氧量和饲养管理等，投饵率在适温下随水温升高而升高，随鱼规格的增大而减小。鱼种阶段日参考投饵率为摄食鱼体重的 4%～6%或更高，成鱼阶段为摄食鱼体重 1.5%～3%。

春季水温低，鱼小，摄食量小，在晴天气温升高时，可投放少量的精饲料。当气温升至 15℃以上时，投饲量可逐渐增加，每天投喂量占鱼类总体重的 1%左右。夏初水温升至 20℃左右时，每天投喂量占鱼体总重的 1%～2%，但这时也是多病季节，因此要注意适量投喂，并保证饲料适口、均匀。盛夏水温上升至 30℃以上时，鱼类食欲旺盛，生长迅速，要加大投喂，日投喂量占鱼类总体重的 3%～4%，但需注意饲料质量并防止剩料，且需调节水质，

防止污染。秋季天气转凉，水温渐低，但水质尚稳定，鱼类继续生长，仍可加大投喂，日投喂量占鱼类总体重的2%~3%。冬季水温持续下降，鱼类食量日渐减少，但在晴好天气时，仍可少量投喂，以保持鱼体肥满度。

4. 日投饵量的调整

根据淇河鲫鱼池塘存量、规格、水温、摄食情况等因素及时加以调整。每隔10天，根据鱼增重情况，调整一次。

（1）池鱼摄食情况

每次投饵量一般以鱼吃到七八成饱为准。把握按照常规标准投喂一定数量的饲料吃食时间后，鱼类长时间停留在食场不离开，说明投饲不足，应适当增多。如果经过较长时间正规投喂，鱼类吃食时间突然减短，鱼群集于食场不离开，说明鱼体已增重，应调整投喂标准。

（2）天气情况

天气晴朗，水中溶氧量高，鱼群摄食旺盛，应多投；反之，天气闷热，连续阴雨，水中溶氧量低，鱼群食欲不振，残饵多，容易使水质变坏，应少投或不投。

（3）池塘水质情况

水质清爽，应多投；水质不好，应少投；水质很坏，鱼已浮头时，应禁止投喂。

（4）池塘水温情况

在适温范围内，水温升高对养殖鱼摄食强度有显著促进作用；水温降低，鱼代谢水平随之下降，导致食欲减退，生长受阻。但高温季节超过适宜温度则摄食减少，应减少投饵量。

（5）养殖季节

一年之中的投饵应掌握“早开食，晚停食，抓中间，带两头”的投喂规律，将全年的饲料主要集中在鱼类摄食旺盛、生长最快的6—9月投，4月以前投喂工作尽量提前，10月以后，应延长投饵，做到收获前停食，保证鱼不落膘。

在投饵过程中，除去因水质败坏或天气不好而暂不能停喂外，均应持之以恒，切忌喂喂停停，否则容易造成饲料浪费。

二、投饵方法

投喂时要耐心细致，应尽量做到饲料投到水中能很快被鱼摄食，切勿把饲料一次性倒入池塘中，这样会使饲料未被鱼摄食造成浪费，造成饲料利用率低，而且容易污染水质。

1. 驯化

鱼类在养殖的过程中，应及时做好投饲驯化工作，通过声音形成条件反射，将鱼群引到固定的位置摄食，它的成功与否关系着饲料的利用率和养殖经济效益高低。

2. 四定投饵

坚持定时、定点、定位、定质的四定投饵原则，投饵时按照“慢、快、慢”“少、多、少”“匀”的原则。开始投饵时，先用少量饲料慢慢投喂，等鱼诱集在一起抢食时，加大投饵量，加快投饵频率，等大部分鱼已吃饱慢慢游走，再减少投饵量，减慢投饵频率，最后停止投饵。投饵过程中，撒料要匀，每次给料，要基本保证每尾鱼都能吃上一颗料，这样出塘时鱼的规格才能整齐一致。

目前，各个养殖塘基本上都配备了投饵机，可实现投料的均匀，但应合理设置投饵时间、投饵频数和投饵速度，保证了投饵效果。另外，在使用投饵机的过程中，投饲人员要注意观察鱼的吃食情况，切不可开机后就马上离开，造成投饲不足或投饲浪费。

3. 投饵次数

根据鱼类在不同阶段摄食和消化习性，鱼规格越小，投饵次数要越多。鱼苗阶段由于主要摄食水中的浮游生物来满足生理代谢需求，因此要做好肥水管理工作，并适当向水中泼洒豆浆、蛋黄、香油渣等，一方面供鱼苗直接摄食，另一方面可培育水中的浮游生物。鱼种阶段以后，鱼类生长已经不能简单地依靠摄食水中的浮游生物，而主要靠人工投饲配合饲料。日投饵次数为4~5次；成鱼阶段在7月、8月、9月时日投饵次数为3次，其余时段为2次；当水温低于15℃时，日投饵一次，时间为上午10：00左右或下午17：00左右。阴雨天要适当减少投饲次数或投饵量，早上如出现缺氧浮头，则应待浮头解除后1~2小时再投饵。

第七章
鱼病诊断

鱼生活在水中，个体小，数量多，鱼发生疫情后，存在发现难、治疗难、用药难等情况。如何及时发现鱼病，对鱼病进行正确的诊断，合理用药，减少病害造成的损失，是健康养殖的重要环节之一。

第一节　鱼类病害的分类

一、病害分类

鱼病的种类很多，不同的分类方法可以分为不同的种类。通常情况下，主要是按病原、发病部位来进行分类。

1. 病原分类

有病毒性（如草鱼病毒性出血病、鲤鱼病毒性肠炎病等）、细菌性（如细菌性赤皮、肠炎、烂鳃、打印病等）、真菌性（如水霉病、鳃霉病）、藻类性（如卵甲藻病）、原虫性（车轮虫、小瓜虫、指环虫等）、蠕虫性（线虫、绦虫病）、甲壳动物性病（锚头鳋、大中华鳋病等）、其他病虫害、蛭病、钩介幼虫病、藻类中毒、饲料中毒、重金属化学性中毒、机械性损伤、理化刺激、环境和水质恶化、营养缺乏症等。

2. 发病部位分类

有皮肤病、鳍病、鳃病、胃肠病、其他器官组织病，以及有关的综合征、肿瘤等。

二、病鱼的初步鉴别

病鱼和健康鱼无论在外表表现或内在生理上都有明显的差别，大多数疾病要用多种检测手段来加以确诊，有些则凭临床症状便可判断。

1. 活动

鱼的活动状态可以反映鱼的健康状况。如正常鱼游动活泼，反应灵活；病鱼则游动缓慢，离群独游，反应迟钝，跳跃、打转，平衡失调或作不规则的狂游。

2. 体色或体形

正常鱼体色有光泽，体表完整；病鱼则体色变黑或褪色，失去光泽，或有红色或白色斑点、斑块、肿块，或鳞片脱落、竖鳞、出血、长毛，或肛门红肿，或鳍条缺损，或黏液增多，或鱼体消瘦，头大尾小、体形弯曲、腹部膨大等。

3. 摄食

正常鱼类食欲旺盛，投饵后即到食场抢食；病鱼则食欲减退，缓游不摄食，或接触鱼饵也不抢食，有的则不到食场来摄食。

4. 鳃

鳃，正常鱼的鳃鲜红，鳃丝完整；发病鱼的鳃则颜色暗淡或色淡，部分鳃丝缺损、肿大、腐烂，附着污物，长有水霉，鳃丝上有寄生虫及孢囊附着等。

5. 脏器

肠道，正常鱼的肠道富有弹性，柔韧，内容物无血色或黄色黏液，肠形完好不破损，肠道不充血，肠内没有大型肉眼可见的线虫和绦虫；而病鱼则相反。

肝脏颜色变黄变白，肝脏上分布有米粒状白点等，缺少弹性，易碎；胆囊颜色变淡，胆囊肿大；脾脏、肾脏、鳔等器官和组织也发生不同的病变，都是病鱼的主要表现。

第二节　鱼病诊断

一、现场调查

鱼生活在水中，其发病死亡虽有多种原因，但往往同环境因素密切相关。为了诊断准确，对发病现场作周密调查，显得至关重要。

1. 调查发病情况

包括发病的种类、规格、死鱼数量，病鱼的活动与特征；发病塘养殖模式、放养鱼的品种、数量、规格、种苗来源；水源是否受到污染与池塘内水质情况；日常防病情况与发病后已采取的措施等。

2. 调查饲养管理情况

包括鱼塘或网箱的放养密度，投饵量和投喂次数，饲料的来源、质量和种类，是否有霉变；池塘是否进行清塘处理，日常如何对水质消毒，发病塘或网箱周围其他塘、箱的情况，以往发病史及如何治疗等，都要全面了解。

3. 调查气候、水质情况

在现场有重点地测定有关气温、水温、下雨、刮风、盐度、酸碱度、溶解氧、氨氮、亚硝酸盐、水流、水色、透明度、硫化氢等有关指标，以便为进一步诊断提供必要的依据。

二、病鱼的检查、诊断技术

抽取病鱼样本进行鱼病检查，对病鱼做出正确的诊断，是治疗鱼病的关键。病鱼的检查有目检和镜检两种方法。

1. 取材

应选择晚期的病鱼作材料，为了有代表性，一般应检查3~5尾；死亡已久或已腐败的病鱼不宜作材料。末检查到的材料鱼，要在原塘中蓄养，以保持鲜活状态。

2. 目检鱼病

肉眼检查，是目前生产上用于诊断鱼病的主要方法之一，重点检查体表、鳃、内脏三部分，方法如下：

（1）体表

将病鱼置于盘中依次从头部、嘴、眼、鳃盖、鳞片、鳍等顺序仔细观察。

检查有无大型病原体，如水霉、嗜子宫线虫、锚头蚤、鱼鲺、钩介幼虫等。

根据症状辨别病原。如车轮虫、鱼波豆虫、斜管虫、三代虫等寄生，一般会引起鱼体分泌大量黏液，有时微带污泥，或是头、嘴及鳍条末端腐烂，但鳍条基部一般无充血现象。双穴吸虫病，则表现出眼睛混浊，有白内障。细菌性赤皮病，则鳞片脱落，皮肤充血。疖疮病则在病变部位发炎，脓肿。白皮病的病变部位发白，黏液减少，用手摸时有粗糙的感觉。腐皮病的病变部位产生侵蚀性的腐烂等病状。发现病鱼肌肉、鳃盖和鳍基充血发红，可初步诊断为病毒性出血病或暴发性鱼病，病鱼尾巴极度上翘、颅脑发黄，在水中狂游打圈，则为疯狂病。但有些病状，包括体表、鳃、内脏等的症状，在几种不同的鱼病中基本上是一样的，如鳍基充血和蛀鳍的赤皮病、烂鳃病、肠炎病及一些其他细菌性鱼病；又如在大量车轮虫、鱼波豆虫、斜管虫、小瓜虫、三代虫等寄生时，都会在体表、鳃部有较多的黏液，所以应把观察到的病状，联系起来加以分析。

（2）鳃

鳃部检查重点是鳃丝。

首先要注意鳃丝是否张开。然后将鳃盖剪去，观察鳃丝的颜色是否正常，黏液是否较多，鳃丝末端是否有肿大发白和腐烂现象。

如患细菌性烂鳃病，则鳃丝末端腐烂，黏液较多；鳃霉病则鳃片的颜色较正常鱼的鳃片白，略带血红色小点；如患鱼波豆虫病、鳃隐鞭虫病、车轮虫病、斜管虫病、指环虫病等寄生虫性疾病，则鳃丝上有较多黏液；如患中华蚤病、指环虫以及黏孢子虫病等寄生虫病，则常表现鳃丝肿大，鳃盖张开等症状；如亚硝酸中毒，鳃丝颜色变为紫红色等。

（3）内脏

将一边的腹壁剪去（注意勿损坏内脏），从肛门部位向左上方沿侧线剪至鳃盖后缘，向下剪至胸鳍基部，除去整片侧肌。

观察是否有腹水和肉眼可见的寄生虫。肉眼可见的寄生虫有：线虫、舌状绦虫等。

仔细观察各内脏的外表颜色、大小、位置、有无出血充血等，看是否正常。肝胰脏正常颜色为粉红色，外表光滑，发病的肝胰脏颜色呈现白色、黄色和土黄色，而且质地易碎。

肠正常时，因其中有食物粪便存在，呈暗褐色，边缘粉红色。

鳔正常颜色为白色，发病的膘上有血丝。

将内脏取出、分离，观察其内部症状。

剪断靠近咽和肛门部位的肠，取出内脏将内脏肝、胆、脾、心脏等，逐个分离，观察质地，内部的症状，颜色，分离肠道，将肠道分为前、中、后三段，轻轻将肠道中的食物、粪便去掉，然后观察。

观察是否发生充血或肉眼可见的寄生虫。如肠炎病，会表现肠壁充血、发炎、溃疡。绦虫、吸虫、线虫等肉眼容易看见。

观察肠壁是否有小寄生虫及肠壁的质地等。如艾美虫病和黏孢子虫病在肠壁上一般有成片或稀散的白点。

饲料营养缺乏等原因可产生肠壁变薄，质地脆的症状。

（4）其他内脏器官

如在外表上未发现病状，可不再检查。

（5）检查注意事项

第一，用于检查的鱼，要用活鱼或刚死不久的鱼。检查时要保持鱼体体表湿润，应放在盛水的容器中，路程远的要用湿布包裹，解剖时要保持器官的完整性并防止相互污染，同时要做好记录，以提高诊断的准确性。

第二，有时一种病有几种病状同时表现出来，如肠炎病，就有鳍条基部充血、蛀鳍、肛门红肿、肠壁充血等症状；有时一种病状在几种病中表现出来，如体色发黑、鳍条基部充血、蛀鳍等，这些病状为细菌性赤皮病、疖疮病、烂鳃病、肠炎病等所共有。

检查时要注意区别、总结、分析。

3. 镜检鱼病

肉眼检查通常局限于症状比较明显的鱼病和大型寄生虫病，而对一些症状不太明显和小型寄生虫引起的鱼病则需要经镜检。同时，由于鱼病发病情况比较复杂，存在多种并发症要正确诊断，单凭肉眼不能确定病症，需要更准确地确定出病原体的种类时，必须用显微镜做详细的检查。

（1）体表

用解剖刀刮取少许体表黏液置于载玻片上，加适量蒸馏水盖上盖玻片，放在显微镜下检查，如有异物，可直接将异物置于镜下检查。

寄生在体表的小型寄生虫种类很多，常可发现车轮虫、斜管虫、鱼波豆虫、杯体虫和小瓜虫等寄生虫，若发现白点或黑色的胞囊，压碎后可看到黏孢子虫或吸虫囊蚴。

（2）鳃丝

用小剪刀取一块鳃组织放在载玻片上，滴入适量蒸馏水盖上盖玻片，放在显微镜下检查。

在鳃上可能有许多种类的原生动物。车轮虫、小瓜虫、、指环虫、三代虫、单殖吸虫和甲壳虫、杯体虫、黏孢子虫和血吸虫卵等。

（3）肠道

剖开鱼腹腔，取出肠道，剪开肠管，分别取前、中、后三段肠壁的少许黏液置于载玻片上，滴加少量生理盐水（或0.85%的食盐水），加盖玻片放在显微镜下检查。

在肠道内的寄生虫有原虫类及蠕虫类等，如黏孢子虫、球虫、肠袋虫、六鞭毛虫以及侧殖吸虫、绦虫和线虫的虫卵等。

在上述部位未发现病原体时，就要根据实际情况进一步检查肝、胆囊、胃、眼、脑、肌肉、心脏及血液等。

（4）镜检注意事项

第一，待检查的鱼体和取出的各器官要保持湿润不可在空气里干燥。

第二，检查器官用过的解剖工具，需洗净后再用。

第三，使用显微镜时，先用低倍镜后用高倍镜检查。

第四，取出鱼的内部器官时，要保持器官的完整，不要混淆和污染，以免影响对疾病诊断的正确性。

第五，要正确记录一个视野里小型寄生虫的数量。

第六，不能及时诊断的，要注意保留标本。

4. 诊断

病鱼的诊断除了掌握现场调查和鱼体检查的情况外，还应考虑发病鱼的种类、规格、年龄及各种病的流行季节，发病规律，综合分析后作出诊断。没有鱼病诊断经验的人员，一般很难确诊鱼病；有经验而没有理论的人，在诊断鱼病时也存在诸多误诊。只有认真学习掌握养殖技术基础知识，在实践中反复学习总结才能掌握。在鱼病诊断过程中，有些疾病只是单一感染，有些是多种病原复合感染。有的鱼病单凭目检可作出诊断，而大多数鱼病还要靠镜检，才能作出诊断。有些鱼病单凭镜检不能确诊，还要靠细菌学或病毒学检测，生化或组织病理学等检测手段的帮助才能得出结论。对怀疑是中毒或营养不良引起的疾病，应对水质和饵料进行检查。随着养殖业的发展，养殖品种也趋向多样化，新的养殖品种带来新的病种，也增加了诊断的难度。

三、常见相似鱼病的辨别

1. 鳃霉病、细菌性烂鳃病与寄生虫性烂鳃病

三者外观症状基本相似，病鱼体色发黑，尤以头部为甚，鳃上黏液增多，鳃丝肿胀，严重时鳃丝末端缺损，软骨外露。发病晚期三者易区别，细菌性烂鳃病，鳃盖内表皮组织发炎充血，中间部分腐烂成不规则的“开天窗”，其余二者无。如无“开天窗”或处于发病早期，则要借助显微镜加以鉴别，若鳃丝腐烂发白带黄色，尖端软骨外露，并粘有污泥或黏液，见有大量细长、滑行的杆菌，酶免疫测定呈阳性反应，可确诊为细菌性烂鳃病。镜检若寄生虫数量多，则为寄生虫性烂鳃病，若鳃丝末端挂着大量的黏液则为隐鞭虫、口丝虫、车轮虫、斜管虫、三代似蝇蛆一样的白色小虫，常为中华鳋病。鳃

片颜色比正常鱼的白，并略带有红色小点，则为鳃霉病，镜检可见病原体的菌丝进入鳃小片组织或血管和软骨中生长。

2. 细菌性白头嘴病与车轮虫病

白头嘴病，鱼体色发黑，漂浮在岸边，头顶和嘴的周围发白，严重时发生腐烂，且常发生于鱼苗期和夏花阶段；车轮虫病，鱼体大部分或全身呈白色。

3. 病毒性肠炎与细菌性肠炎

这两种病病鱼肠道均呈红色，其中病毒引起的还兼有口腔、肌肉、鳃盖、鳍条等充血，肠黏膜一般不腐烂脱落；细菌性肠炎没有口腔肌肉充血，肠道黏膜往往溃烂化脓，乳黄色的腹水很多。

4. 具白点症状的鱼病的鉴别

具白点症状的鱼病常见有白皮病、打粉病（白鳞病）、痘疮病、小瓜虫病以及微孢子虫病。

白皮病：白点只出现在背鳍基部或尾柄处，随病情发展也只是白点本身的面积扩大，最终表现为背鳍至臀鳍为界的整个后部皮肤呈现白色。

打粉病：若背鳍、尾鳍及背部先后出现白点，随病情加剧白点数目逐渐增多，最终白点遍及全身，使整个体表好似涂了一层白色粉末，此是打粉病。

痘疮病：白点变厚增大，色泽由原来的乳白色渐转变为石蜡状。

小瓜虫病：病鱼白点间有充血的红斑，病鱼死后 2~3 小时观察其发病部位，没有白点。

微孢子虫病：病鱼死后 2~3 小时观察其发病部分，有白点。

5. “鳃盖张开” 状鱼病的鉴别

车轮虫病：有典型的“白头白嘴”、鳃丝鲜红等症状；

指环虫病：鳃部明显浮肿，鳃丝呈暗蓝色。

6. 鳞片隆起症状鱼病的鉴别

主要有鲫嗜子宫线虫病、鱼波豆虫病和竖鳞病。前者鳞片隆起的程度较大，虫体寄生部位的皮肤肌肉充血发炎；中者镜检鳞囊液可见鱼波豆虫；后者病鱼鳞片竖起如松果球状，鳞片基部水肿呈半透明小囊状，能挤出水。

7. “急躁不安、狂游、跳跃”现象的鱼病鉴别

该类鱼病包括中华鳋病、鲺病、锚头鳋病及复口吸虫病等。

（1）中华鳋病与鲺病

两者均有跳跃现象，但只要掀开鳃盖观察就可发现前者鳃丝末端挂有许多白色小蛆状物，群众称为“鳃蛆病”，后者无此症状。

（2）锚头鳋病及复口吸虫病

二者同样呈现病鱼急躁不安的现象，但前者严重感染时鱼体似披蓑衣；后者还表现为在水面不安地挣扎，有时头朝下、尾朝上，严重时，具眼球脱落成瞎眼等症状。

8. 池边聚集周游或头撞岸边鱼病的鉴别

这可能是跑马病、泛池或是由小三毛金藻引起的鱼类中毒。前者仅是绕池周游，驱之难散；泛池一般发生在无风、闷热，气温上升，气压下降，打雷不下雨或雷阵雨的情况下，在半夜以后发生，全池鱼类均浮在水面，用口张着呼吸，或横卧水面或头撞岸边，呈奄奄一息状态；小三毛金藻病往往有大部分鱼类狂游乱窜，一般池鱼向池的四隅集中、驱之才散，病情严重时，池鱼几乎都集中排列在池边水面附近，头朝向岸边，静止不动。

第八章
淇河鲫鱼常见病害

一、病毒性出血病

1. 病原

鲤疱疹病毒（CyprinidherpesvirusII，CyHV-2）。

2. 症状

病鱼身体发红，侧线鳞以下及胸部尤为明显。鳃盖肿胀，在鳃盖张合的过程中（或鱼体跳跃的过程中），血水会从鳃部流出；病鱼死亡后，鳃盖有明显的出血症状，剪开鳃盖观察，鳃丝肿胀并附有大量黏液；镜检鳃丝发白无血色。病鱼鳍条末梢发白，尾鳍尤为明显，严重时如蛀鳍状。解剖后见肝脏充血（一些个体肝肿胀），脾脏、肾脏充血肿大；肠道发炎、食物少，充血不糜烂。此外，鲫鱼病毒性出血病通常可并发寄生虫与细菌感染，在显微镜下可观察到车轮虫、指环虫、斜管虫、孢子虫等，在患病鱼腹水中分离到嗜水气单胞菌等（图 8.1）。

3. 防治方法

在池塘调研过程中发现该病的发生与养殖户大量使用药物预防病虫害或

图 8.1　患出血病的淇河鲫

使用强刺激或强毒性的药物池塘消毒后养殖鱼体质变弱有一定的相关性。因此，在养殖管理过程中必须进行生态养殖，减少药物使用，增强鱼体体质，提高机体免疫力和抗应激能力。在疫病发生时，内服 Vc。对发病过的鱼塘做好晒塘和消毒工作。

预防：① 用生石灰彻底清塘；② 加强饲养管理，适当稀养，改善生态环境，提高鱼体免疫力；③ 苗种来源于有苗种生产许可证的正规苗种场和良种场，且苗种生产符合防疫条件；④ 患病鱼和死鱼要做深埋处理，患病塘水和用过的工具要进行彻底消毒；⑤ 发病季节每隔 10~15 天全池泼洒大黄 1~2.5 克/米^{3}或黄芩抗病毒中草药。

外用治疗：① 用二氧化氯进行水体消毒；② 8%二氧化氯（每亩水深 1 米用量 125 克）+鱼血停（每亩水深 1 米用量 250 克）全池泼洒；③ 病情较重，第二天用 10%聚维铜碘溶液（每亩水深 1 米用量 250 毫升）或用 3%碘附（I）（每亩水深 1 米用量 100 毫升）全池泼洒。

内服治疗：① 一般按鱼 5%投饲量计，用 5%硫氰酸红霉素 100 克+鱼用多维宝 100 克拌 40 千克饲料，一日 2 次，连用 3~5 天。② 一般按鱼 5%投饲量计，用 5%恩诺沙星 100 克+板蓝根大黄散 250 克拌 40 千克饲料，一日 2

次，连用3~5天。

二、细菌性败血病

1. 病原

鲁克氏耶尔森氏菌、气单胞菌、弧菌。

2. 流行特点

从淇河鲫鱼夏花鱼种到成鱼均可感染。发病严重的养鱼场发病率高达60%以上，重症鱼池死亡率80%以上。该病流行水温为9~36℃，流行时间为3—11月，高峰期5—9月，尤以水温持续在28℃以上，高温季节后水温仍保持25℃以上时最为严重。

该病的病原菌嗜水气单胞菌在水中能存活60天左右，在淤泥中可存活一年以上，因此水和淤泥是传播媒介；主要经皮肤和鳃侵入鱼体。该病可通过病鱼、病菌污染饵料、用具及水源等途径传播，鸟类捕食病鱼也可造成疾病传播。池塘未彻底清淤消毒，饲养管理不细，水质恶化，长期以来近亲繁殖，鱼体免疫力低下，营养不全面，饲喂不合理，病鱼到处乱扔等，均是疾病暴发的重要诱因。

3. 主要症状

患病早期，病鱼主要表现为口腔、腹部、鳃盖、眼眶、鳍及鱼体两侧呈轻度充血症状。肠道内尚见少量食物。随着病情的发展，上述体表充血现象加剧，肌肉呈现出血症状，眼眶周围充血，眼球突出，腹部膨大、红肿，鳃丝灰白显示贫血，严重时鳃丝末端腐烂。剖开腹腔，腔内积有黄色或红色腹水，肝、脾、肾肿大，肠壁充血、充气，且无食物。

4. 防治方法

预防：① 老鱼塘必须清淤，曝晒数天，放养前7~10天带水10厘米，施用生石灰（每亩水深 1 米用量 125 千克）彻底清塘消毒；或施用漂白粉（每亩水深 1 米用量 13~15 千克）彻底清塘消毒。② 选择健壮活泼、无病、无伤的鱼种，放养前用10~20 毫克/升的 10%聚维铜碘溶液浸洗 10~15 分钟；或者注射、浸泡嗜水气单胞菌疫苗。③ 发病鱼池用过的工具要进行消毒，病死鱼要及时捞出深埋而不能到处乱扔。④ 加强日常饲养管理，正确掌握投饲技术，不投喂腐烂、变质的饲料，提高鱼体抗病力。⑤ 流行季节，要注重调节水质，全池泼洒生石灰，浓度为 25~30 毫克/升。⑥ 第一年发病的鱼池，第二年养殖时每 20 天杀虫消毒一次，用敌百虫·辛硫磷粉（每亩水深 1 米用量 150 克）全池泼洒杀灭寄生虫。⑦ 内服：鱼血停 250 克+败血宁 250 克拌料 40 千克，每疗程连服 3~5 天。

5. 治疗

（1）方案一

该鱼病发生后，治疗时要根据不同的病情（或死鱼情况）选用不同的配方。尽快调好水质，第一天用敌百虫·辛硫磷粉（每亩水深 1 米用量 150 克）+渔经高铜（每亩水深 1 米用量 70 毫升）全池泼洒；第二天用三氯异氰脲酸粉 30%（每亩水深 1 米用量 250 克）+鱼血停（每亩水深 1 米用量 250 克）全池泼洒。

第二天同时开始内服败血宁 250 克+5%恩诺沙星粉拌 40 千克饲料，关键是使鱼尽早吃到药物。由于药饵在水中散失较大，实际用量应先加大 2 倍使用，以后逐渐降低至常规用量，服药 3~5 天为一个疗程。

经过 7~10 天的治疗，该鱼病基本可以治愈。

（2）方案二

第一天用辛硫磷溶液，每亩水深 1 米用量 20~25 毫升+渔经高铜每亩水深 1 米用量 50 毫升，混合全池泼洒；

第二天用恩诺沙星粉 100 克+败血宁 250 克，拌 40 千克饲料投喂，连用

3~5 天。

鲫鱼死亡数量多的，应选择方案一，适当增加败血宁药物的用量；鲫鱼死亡数量少的宜选用方案二。

三、烂鳃病

1. 病原

柱状嗜纤维菌（原叫柱状屈桡杆菌）。

2. 症状

病鱼行动缓慢，反应迟钝，呼吸困难，常离群独游。体色发黑，尤以头部为甚，故群众又称此病为“乌头瘟”。鳃片上有泥灰色、白色或蜡黄色斑点，鳃片表面、鳃丝末端黏液增多，并常黏附淤泥。鳃丝肿胀，严重时鳃丝末端缺损。鳃盖骨中央的内表皮往往充血，严重时中间部分常被腐蚀成 1 个圆形或不规则的透明小区，故有“开天窗”之称（图 8.2）。

图 8.2　患烂鳃病淇河鲫

3. 流行情况

本病为淡水鱼养殖中广泛流行的一种鱼病。淇河鲫鱼也多有发生。不论鱼种或成鱼阶段均可受害。一般流行于 4—10 月，以夏季最为流行。该病一般在水温 15℃以上开始发生，在 15~35℃范围内，水温越高越易暴发流行，且致死时间愈短。本病常与赤皮病、出血病和肠炎病并发。

4. 预防

① 彻底清塘，鱼池施肥时应施用经过充分发酵后的有机肥。

② 选择优质健康的鱼种，鱼种下塘前，用 10 毫克/升浓度的漂白粉水溶液或 15~20 毫克/升药浴 15~30 分钟；或用 2%~4%食盐水溶液药浴 5~10 分钟。

③ 在发病季节，每周全池遍洒漂白粉 1~2 次。用量视食场大小及水深而定，一般为 250~500 克；每月在食场周围遍洒生石灰 1~2 次。

5. 治疗

① 8%二氧化氯每亩水深 1 米用量 150~200 克全池泼洒，连用 2 天。或用碘制剂、中药消毒制剂等系列消毒剂进行水体消毒。② 利福平 0.1~0.2 毫克/升进行终浓度全池泼洒。③ 10%恩诺沙星粉 100 克+板蓝根大黄散 250 克+鱼用多维宝 100 克拌料 40 千克，连喂 6 天，效果很好，兼治肠炎病。④ 每 50 千克鱼用干地锦草 250 克（鲜草 1.25 千克）煮汁，拌在饲料内制成药饵喂鱼，3 天为一个疗程。

四、肠炎病

1. 病原

点状气单胞菌。

2. 症状

病鱼离群独游，体色发黑，食欲减退。病鱼腹部肿胀，肛门后拖一粪便团，腹部有时有积水。发病初期，前肠、后肠充血发红，严重时整个肠道充血发炎、出血，尤以后肠充血发红最为明显。肛门外突红肿，严重时轻压腹部有脓状液体或黄色黏液从肛门流出，肠道部分或全部发炎，呈紫红色。

3. 流行情况

从鱼种至成鱼都可受害，死亡率高，一般死亡率在50%左右，发病严重的鱼池死亡率可高达 90% 以上。流行于4—10 月。流行水温为 18℃ 以上，25~30℃ 为流行高峰。

4. 预防

① 彻底清塘消毒，保持水质清洁。② 严格执行“四消、四定”措施，投喂新鲜饲料，不喂变质饲料。③ 选择优良健康鱼种，鱼种放养前用 8~10 毫克/升浓度的漂白粉浸洗 15~30 分钟。

5. 治疗

① 8%二氧化氯每亩水深 1 米用量 150~200 克，病重连用 2 天。

② 30%三氯异氰脲酸粉每亩水深 1 米用量 250~300 克，全池泼洒，连用 2 天。

内服：① 10%恩诺沙星粉 100 克 +板蓝根大黄散 250 克+鱼用多维宝 100 克拌料 40 千克，连喂 6 天，效果很好。② 每 100 千克鱼体重每日用大蒜或地锦草 0. 5~2 千克拌饵投喂，连用 6 天。③ 用复方中草药进行治疗，如三黄散、板蓝根大黄散等中草药进行治疗，用法用量按产品使用说明书使用。④ 使用磺胺类药物进行治疗，注意首日加倍，连用 6 天。

五、赤皮病

又称擦皮瘟。

1. 病原

荧光假单胞菌。

2. 流行情况

传染源是被荧光假单胞菌污染的水体、工具及带菌鱼。鱼的体表完整无损时，病原菌无法侵入鱼的皮肤；只有当鱼因捕捞、运输、放养、鱼体受机械损伤，或冻伤，或体表被寄生虫寄生而受损时，病原菌才能乘虚而入，引起发病。一年四季都有流行，尤其是在捕捞、运输后，及北方在越冬后，最易暴发流行。

3. 症状

病鱼行动迟缓，反应迟钝，离群独游。病鱼体表出血发炎，鳞片脱落，尤其是鱼体两侧及腹部最为明显；鳍的基部或整个鳍充血，鳍的梢端腐烂，常烂去一段，鳍条间的软组织也常被破坏，使鳍条呈扫帚状，称为“蛀鳍”；在体表病灶处常继发水霉感染。鱼的上、下颌及鳃盖部分充血，呈块状红斑，鳃盖中部表皮有时烂去一块，呈“开天窗”症状。有时，鱼的肠道也充血发炎。

4. 预防

① 彻底清塘。② 勿使鱼体受伤。在捕捞、运输和放养等操作过程中，尽量避免鱼体受伤；北方越冬池应加深水深，以防鱼体冻伤。③ 鱼种放养前，可用3%~4%浓度的食盐水浸泡5~15分钟；或10毫克/升的漂白粉溶液浸泡20~30分钟。

5. 治疗

① 二氧化氯全池泼洒，每亩水深1米用量150克。② 24%溴氯海因粉每亩水深1米用量200~300克，第二天用30%三氯异氰脲酸粉（每亩水深1米用量250克）+鱼血停（每亩水深1米用量250克）或用3%碘附每亩水深1米用量100克全池泼洒；同时，内服5%恩诺沙星粉100克+板蓝根大黄散250克+鱼用多维宝100克拌料40千克，一日2次，连用3~5天。③ 使用磺胺类药物进行治疗，每千克鱼体重每日拌饵投喂磺胺间甲氧嘧啶钠粉（以磺胺间甲氧嘧啶钠计，规格为10%）80~160毫克（首次用量加

倍)，连用 4~6 天。

六、肝胆综合征

1. 症状

发病初期，病鱼体表无明显变化，摄食后出现窜游或痉挛，肝脏颜色略淡，轻微贫血。随着病情的发展，病鱼本色逐渐变得晦暗，胸腹部、眼眶、鳃盖、鳍基充血；尤其尾鳍基部充分明显，眼球突出并伴有血丝：解剖观察，病鱼体腔内脂肪大量积累，肝脏不同程度的肿大，颜色变为白色、黄色、土黄色、褐色或局部变成绿色，肝脏失去光泽，质脆、轻压易碎；胆囊明显肿大，胆汁充盈，胆汁颜色变为深绿、黑绿或黄色。病鱼常伴有肠炎、烂鳃等症状。

2. 流行情况

肝胆综合征多发于主养淇河鲫鱼的精养高产塘，主要危害淇河鲫鱼鱼种和成鱼。从 4 月底开始引起死亡，同一发病塘鱼类死亡无明显高峰期，但病情持续时间长，且重发病率高；存塘成鱼和大规格鱼种的天然饵料死亡率明显高于小规格鱼种。

3. 防治

① 合理的放养密度。② 鱼种放养前严格清塘消毒，并清除过多淤泥。③ 平时注意添加保肝利胆和维生素 C 等免疫增强剂。

4. 治疗

① 发现因该病引起淇河鲫鱼死亡后，发病塘立即减食 1/3~1/2，更换饲料 10~15 天，并在饲料中添加保肝宁、板蓝根大黄散、鱼血停，每天 1 次，连喂 7 天为一疗程，重病塘 10 天后再喂一个疗程。② 全池泼洒 8%二氧化氯 0.3 毫克/升或 10%聚维铜碘溶液和鱼血停每亩水深 1 米用量 500 克。③ 重病

塘换水 1/2 或更多，换水时注意池水温差不超过 3℃，以免引起鱼类应激反应，造成更多的死亡。④ 减食、投喂药饵、泼洒药物同步进行，泼药 2 天后换水，发病池停止死鱼后逐步恢复投饵量。

七、白头白嘴病

1. 病原

粘球菌。菌体细长，粗细几乎一致，而长短不一。柔软而易曲绕，无鞭毛，滑行运动。生长繁殖的最适温度为 25℃，pH 值为 6. 0~8. 0 都能生长。

2. 病症

病鱼自吻端到眼前的一段皮肤呈乳白色。唇似肿胀，嘴张闭不灵活，因而造成呼吸困难。口圈周围的皮肤腐烂，稍有絮状物黏附其上，故在塘边观察水面游动的病鱼，可清楚地看到“白头白嘴”的症状。病鱼体瘦发黑，反应迟钝，有气无力地浮动，常停留塘边，不久就会出现死亡。

3. 流行情况

此病是淇河鲫鱼夏花培育阶段常见病，对夏花鱼种有危害。流行季节从 5 月下旬开始，6 月中旬，为发病高峰期，7 月下旬以后比较少见。

4. 预防

① 彻底清塘。② 合理密养，及时分池，保证适口饵料供应。③ 保持水质清洁，不施用未经发酵的肥料。④ 发病高峰季节，每半个月对水体进行消毒一次。

5. 治疗

① 每亩水面用二氧化氯 150 克全池泼洒，2~3 天即可。② 按 5%的投饵率拌饵内服，10%恩诺沙星粉 100 克 +板蓝根大黄散 250 克+鱼用多维宝 100 克拌料 40 千克，一日 2 次，连用 3~5 天。

八、疖疮病

1. 病原

疖疮型点状产气单孢杆菌。

2. 病症

患病初期鱼体背部皮肤及肌肉组织发炎，随着病情的发展，这些部位出现脓疮，手摸有浮肿的感觉，脓疮内部充满含血的浓汁和大量细菌，所以又名瘤痢病。鱼鳍基部往往充血，鳍条间组织破坏裂开，有时像把烂纸扇，病情严重的鱼肠道也往往充血发炎（图 8.3）。

图 8.3　患疖疮病的淇河鲫

3. 流行情况

发病数不多。此病无明显的流行季节，一年四季都可出现。

4. 预防

① 注意水质消毒，使用漂白粉、三氯异氰脲酸粉等国家规定的水产养殖用水体消毒剂，用法用量按说明书。② 避免寄生虫的感染。③ 谨慎操作，勿使鱼体受伤，均可减少此病发生。

5. 治疗

① 用二氧化氯每亩水深 1 米用量 150 克，连泼洒 2~3 次。② 30%三氯异氰脲酸钠粉每亩水深 1 米用量 200~250 克，连泼洒 2 天。

6. 内服

① 按 5%的投饵率拌饵内服，10%恩诺沙星粉 100 克 +板蓝根大黄散 250 克+鱼用多维宝 100 克拌料 40 千克，一日 2 次，连用 3~5 天。② 愈血停 150 克+败血宁 250 克+5%诺氟沙星粉 100 克拌料 40 千克，投喂 3~5 天。

九、竖鳞病

1. 病原

水型点状极毛杆菌，革兰氏阴性。

2. 病症

病鱼体表用手摸去有粗糙感；鱼体后部部分鳞片向外张开像松球，鳞的基部水肿，以致鳞片竖起。用手指在鳞片上稍加压力，渗出液就从鳞片基部喷射出来，鳞片也随之脱落，脱鳞处形成红色溃疡，并常伴有鳍基充血，皮肤轻微充血，眼球突出，腹部膨胀等症状。随着病情的发展，病鱼游动迟钝，呼吸困难，身体倒转，腹部向上，这样持续 2~3 天，即陆续死亡。

3. 流行情况

此病常出现，鱼因此病死亡率最高的可达 85%。此病的流行与鱼体受伤、水体污浊及鱼体抗病力降低有关。

4. 预防

① 在捕捞、运输和放养等操作过程中，尽量避免鱼体受伤。保持养殖水体的水质清新。② 发病初期加注新水，可使病情停止蔓延。③ 用 3%浓度的

食盐水浸泡10~15分钟；或用2%食盐和3%小苏打混合液浸泡10分钟；或用捣烂的大蒜250克加入50千克水，多次浸泡病鱼。

5. 治疗

① 用二氧化氯每亩水深1米用量150克，连泼洒2~3次。② 按5%的投饵率拌饵内服，10%恩诺沙星粉100克 +板蓝根大黄散250克+鱼用多维宝100克拌料40千克，连喂3~5天。

十、白云病

1. 病原

恶臭假单胞菌，革兰氏阴性短杆菌。

2. 病症

病鱼缓慢独游，反应迟钝，不吃食。病鱼体表分泌大量黏液，形成一层白色薄膜。初期，白膜主要分布在头部，随着病情的发展，逐渐蔓延扩大至其他部位，严重时好似全身布着一片白云，尤以头部、背部及尾鳍等处黏液稠密。部分鳞片脱落，肌肉腐烂，受伤处常寄生水霉菌，体表和鳍充血、出血。病鱼肠、肝、肾充血（图8.4）。

图8.4 患白皮病的淇河鲫

3. 流行情况

该病的流行季节为每年的5—6月，流行水温6~18℃，常发于稍有流水、水质清瘦和溶解氧充足的网箱及流水池中。当鱼体受伤后更易暴发流行，常并发竖鳞病、水霉病，死亡率可高达60%以上。当水温升到20℃以上时，此病可不治而愈。在没有水流的养鱼池中溶解氧偏低，很少发生或不发生此病。

4. 预防

① 应选择健壮、未受伤的鱼种，放养前鱼种用盐水等进行浸泡消毒。② 加强饲养管理，增强鱼体抗病力。③ 提高水温到20℃以上。④ 操作要小心，防治鱼体受伤。

十一、水霉病

1. 病原

水霉和绵霉两属。菌丝为管形无横隔的多核体，其中一端附着在鱼体损伤处并深入受损的皮肤的肌肉组织，称内菌丝；另一端伸出体外的菌丝，称为外菌丝。外菌丝常形成肉眼能看见的灰白色棉絮状物。其对宿主没有选择性，可危害各种不同的水生动物，鱼卵也可感染。其菌体在淡水中广泛存在，对温度适应范围很广。水霉菌的发生与宿主的健康状况密切相关。该类菌的繁殖有无性和有性两种方式（图8.5）。

2. 病症

霉菌最初寄生时，肉眼看不出病鱼有什么异状，当肉眼看到时，菌丝已在鱼体伤口侵入，并向内外生长，向外生长的菌丝似灰白色棉絮状，故称白毛病。病鱼焦躁不安，常出现与其他固体摩擦现象，以后患处肌肉腐烂，病鱼行动迟缓，食欲减退，最终死亡。在鱼卵孵化过程中，也常发生水霉病。可看到菌丝侵附在卵膜上，卵膜外的菌丝丛生在水中，故有“卵丝病”之

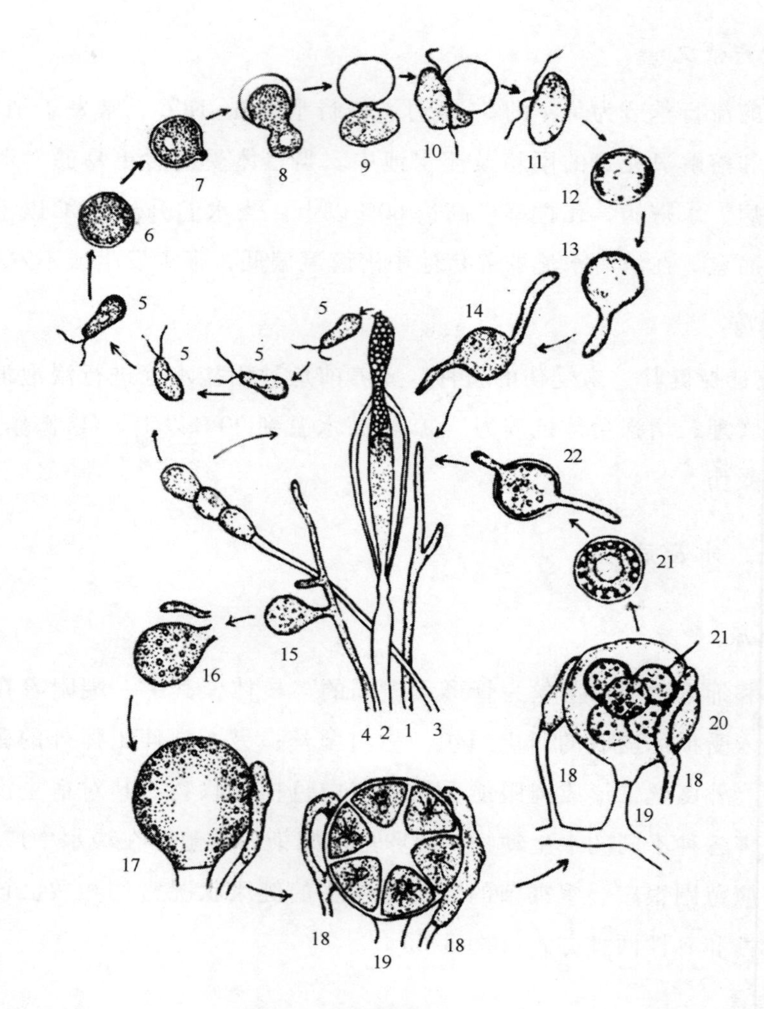

图 8.5　水霉属模式生活史

1. 外菌丝；2. 动孢子囊；3. 厚垣孢子及其菌丝；4. 产生雌雄性器官的菌丝；5. 第一游动孢子；6. 第一孢子（静止）；7~10. 第二游动孢子萌发；11. 第二游动孢子；12. 第二孢子；13~14. 第二孢子萌发；15~16. 未成熟的藏卵器和雄器；17. 藏卵器中多数的核退化，存留的核分布在周缘；18. 成熟的雄器；19. 藏卵器中未成熟的卵球；20. 藏卵器中卵球已受精和卵孢子形成；21. 卵孢子；22. 卵孢子萌发

（引自《湖北省鱼病病原区系图志》）

称，因其菌丝呈放射状，也有人称之为“太阳籽”。

3. 流行情况

此类霉菌，或多或少地存在于一切淡水水域中。它们对温度适应范围广，5~26℃均可生长繁殖，繁殖适温为13~18℃。一年四季都能感染鱼体。对宿主没有选择性，各种水生动物以及鱼卵到各龄鱼都可感染。感染一般从鱼体的伤口处入侵，冬季和早春更易流行。特别是阴雨天，水温低，极易发生并迅速蔓延，造成鱼死亡。对于体表完整、体质较强的个体，一般不发生该病。

4. 预防

① 用生石灰或漂白粉彻底清塘，去除过多淤泥。② 加强饲养管理，提高鱼体抗病力，在捕捞、运输等操作中尽量避免鱼体受伤。③ 亲鱼在人工繁殖时受伤后，可在伤处涂抹10%的高锰酸钾水溶液或碘伏等。④ 加强亲鱼培育，提高受精率，选择晴天进行繁殖。⑤ 产卵池、孵化工具及用于繁殖的鱼巢要进行消毒处理。⑥ 鱼巢上黏附的鱼卵不能过多，否则鱼卵发育过程中因得不到足够的氧气而窒息死亡，感染水霉菌，进而感染健康的鱼卵。

5. 治疗

① 用福尔马林每亩水深1米用量50毫升全池泼洒。② 用二氧化氯每亩水深1米用量150克全池泼洒。③ 也可选用醛速杀每亩水深1米用量200毫升全池泼洒。④ 10%聚维铜碘溶液（每亩水深1米用量250毫升）或水霉灵每亩水深1米用量500克，全池泼洒。⑤ 8%二氧化氯每亩水深1米用量150克全池泼洒后，再用鱼血停每亩水深1米用量250克全池泼洒，重复两次，有非常好的效果。⑥ 注意水质变化，及时用菌制剂及底质改良剂调节水质。⑦ 如有条件将水温升至25~26℃，多数可治愈。

十二、鳃霉病

1. 病原

属霉菌类的鳃霉。

2. 病症

病鱼不摄食，呼吸困难，游动迟缓，鳃上黏液增多，鳃上出现点状充血和出血状，呈花鳃。由于菌丝体产生的孢子入水中与鱼体接触，附着在鳃上，发育成菌丝。菌丝向组织里不断生长、分枝，似蚯蚓状贯穿组织，并沿着鳃丝血管分支或穿入软骨，破坏组织，堵塞微血管，使血液流动滞塞。鳃丝呈坏疽性崩解，坏死部位腐烂脱落处明显可见缺陷。病情严重时，病鱼高度贫血，整个鳃呈青灰色。

3. 流行情况

此病是急性型的，如环境适宜，在 1~2 天池塘即出现爆发性急剧死亡，死亡率高达 90%以上。每年 4—10 月流行，尤以 5—7 月期间为最甚，一般在水质恶化，特别是有机质含量较高，水质肮脏的池塘，更易发生此病。

4. 防治

该病目前尚无有效的治疗方法，主要是预防。

① 彻底清塘整塘，清除过多淤泥。② 严格执行检疫制度。③ 加强饲养管理，注意水质，尤其是在疾病流行季节，定期灌注新水，排出部分老水，定期进行水体消毒。④ 或选用二氧化氯每亩水深 1 米用量 150 克全池泼洒。⑤ 也可选用醛速杀每亩水深 1 米用量 250 毫升全池泼洒。⑥ 选用碘制剂进行水体消毒。⑦ 加强饲养管理，掌握投饵量和施肥量，有机肥施用时必须经过发酵处理。

十三、鳃隐鞭虫病

1. 病原

隐鞭虫属鞭毛虫类中的鳃隐鞭虫和颤动隐鞭虫二种（图 8.6）。

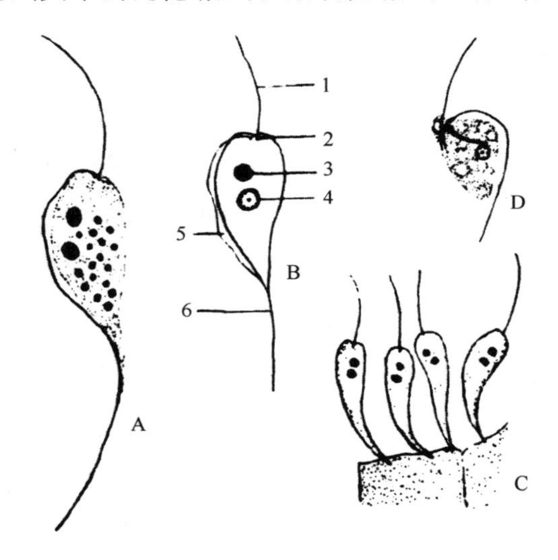

图 8.6　隐鞭虫

A. 鳃隐鞭虫；B. 模式图；C、D. 颤动隐鞭虫

1. 前鞭毛；2. 生毛体；3. 动核；4. 胞核；5. 波动膜；6. 后鞭毛

（引自陈启鎏《湖北省鱼病病原区系图志》）

2. 流行情况

隐鞭虫寄生在淇河鲫鱼的鳃及皮肤上，大量寄生时，可引起鱼苗、鱼种大批死亡，甚至全池鱼全部死亡。隐鞭虫病主要危害鱼苗和鱼种，流行季节主要 7—9 月。隐鞭虫病在我国 20 世纪 50 年代是主要流行鱼病之一，由于引起病鱼溶血，所以死亡率很高，病程较短。

3. 症状

疾病早期没有明显症状，但当严重时，鱼体发黑，游动缓慢，食欲减退或不吃食。由于隐鞭虫大量寄生在鳃上，鳃组织受损，分泌大量黏液，并引起溶血，病鱼呼吸困难，窒息死亡。寄生于体内组织的隐鞭虫，外表没有明显症状，必须用显微镜进行检查诊断。

4. 治疗

① 可选用福尔马林每亩水深1米用量50毫升或虫速灭每亩水深1米用量20毫升全池泼洒。② 可选用醛速杀每亩水深1米用量250毫升全池泼洒。③ 可选用铜铁合剂浓度为0.7毫克/升全池泼洒，5∶2的配比。④ 可选用铜铁合剂（5∶2）浓度为10毫克/升浸浴鱼体15~30分钟。⑤ 杀虫后第二天可选用二氧化氯每亩水深1米用量150克全池泼洒。⑥ 注意水质变化，水体消毒后两天可选用底改系列等环境改良剂进行水环境改良。

十四、车轮虫病

1. 病原

是车轮虫和小轮虫两属中的许多种。虫体侧面观如毡帽状，运动时如车轮转动样。隆起的一面为口面，相对而凹入的一面为反口面。大核马蹄状。反口面具齿轮状齿环。车轮虫用反口面附着在鱼的鳃丝或皮肤上，并来回滑动，有时离开宿主在水中自由生活（图8.7和图8.8）。

2. 流行情况

车轮虫对不同年龄的淇河鲫鱼均能感染，但危害最大的是鱼苗和夏花鱼种，可造成大批死亡。车轮虫一年四季均可检查到，适宜水温为20~28℃，5—8月为此病流行时间。

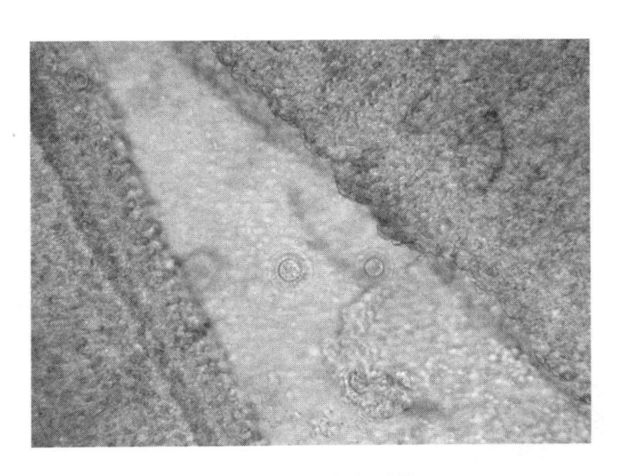

图 8.7　车轮虫活体

3. 症状

车轮虫主要寄生在淇河鲫鱼的鳃、皮肤等处。寄生数量少时无症状。当寄生数量多时，鳃丝分泌大量黏液，形成一层黏液层，影响呼吸。在皮肤上大量寄生时，病鱼黑瘦，不摄食，体表有一层白翳附着。若为放养 10 天后的鱼苗患此病，显现病鱼烦躁不安，成群沿池边狂游，俗称“跑马病”。车轮虫寄生鱼苗至夏花鱼种体表时，病鱼的头部和吻周围呈微白色，黏液分泌很多。若仅从病症的表现观察，与黏细菌引起的白头白嘴病有一定程度的相似性。

4. 防治

① 加强水质管理，长期保持水质“肥活嫩爽”。② 苗种培育期间，加强巡塘，观察鱼苗活动情况及体色变化，判定有无寄生虫寄生，在显微镜下观察，低倍镜下一个视野内达到 30 个以上虫体时，及时采取治疗措施。

5. 治疗

① 全池泼洒车轮净，每亩水深 1 米用量 200 毫升。② 硫酸铜和硫酸亚铁

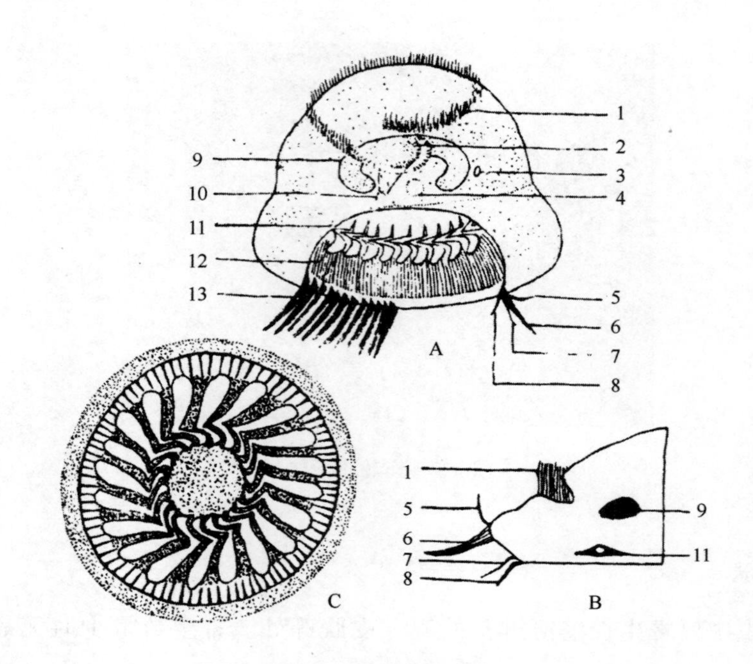

图 8.8 车轮虫及其构造

1. 侧面观（模式图）；B. 身体纵切面的一部分；C. 反口面观

1. 口沟；2. 胞口；3. 小核；4. 伸缩泡；5. 上缘纤毛；6. 后纤毛带；7. 下缘纤毛；8. 缘膜；9. 大核；10. 胞咽；11. 齿环；12. 辐线；13. 后纤毛带

（引自陈启鎏《湖北省鱼病病原区系图志》）

合剂全池泼洒，浓度为 0.7 毫克/升，5∶2 的配比。③ 全池泼洒车轮指环清，每亩水深 1 米用量 150 克。④ 渔经高铜溶液 200 毫升+0.5%阿维菌素溶液每亩水深 1 米用量 20~25 毫升，全池泼洒。⑤ 使用上述药物杀虫后，第二天用二氧化氯每亩水深 1 米用量 150 克全池泼洒。注意水质变化，水体消毒后两天可选用底质环境改良剂进行水环境改良。

十五、小瓜虫病

1. 病原

多子小瓜虫（图 8.9）。广泛分布于各种淡水鱼类的鳃和皮肤。生活史分为成虫期、幼虫期及包囊期（图 8.10）。

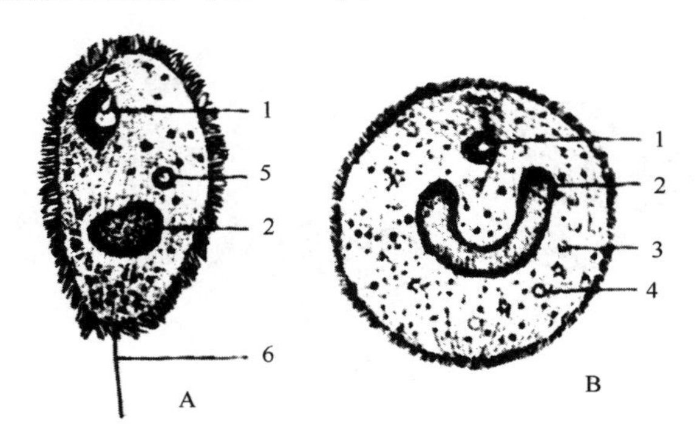

图 8.9 多子小瓜虫

A. 幼虫；B. 成虫

1. 胞口；2. 大核；3. 食物粒；4. 伸缩泡；5. 小核；6. 尾毛

（引自刘建康等《中国淡水鱼类养殖学》）

2. 流行情况

此病是一种流行广、危害大的鱼病。在密养情况下，此病更为猖獗。多子小瓜虫对宿主无选择性，所有的饲养鱼类和观赏鱼类，从鱼苗到成鱼都可寄生，但以对当年鱼种危害最为严重。适宜小瓜虫生长繁殖的水温为 15～25℃。当水温低至 10℃ 以下和高至 28℃ 以上时，发育迟缓或停止，甚至死亡。因此，此病流行的季节为 3—5 月和 8—10 月。但当水质恶化、养殖密度高、鱼体抵抗力低时，在冬季和及盛夏也有发生。

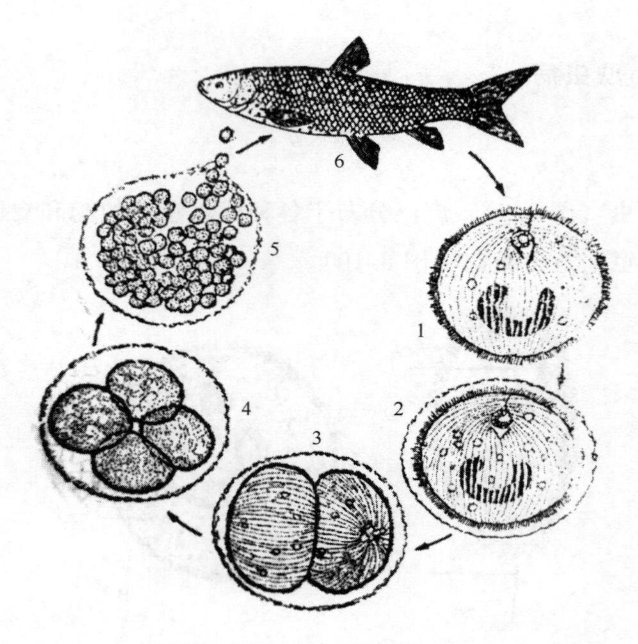

图 8.10　多子小瓜虫生活史

1. 离开鱼体的成虫；2. 形成胞囊；3. 二分裂期；4. 四分裂期；
5. 纤毛幼虫从胞囊出来侵袭鱼体；6. 患小瓜虫病的病鱼

3. 症状

当虫体大量寄生时，肉眼可见病鱼的体表、鳍条和鳃上，布满白色点状胞囊。严重感染时，由于虫体侵入鱼的皮肤和鳃的表皮组织，引起宿主的病灶部位组织增生并分泌大量的黏液，形成一层白色薄膜覆盖于病灶表面，同时鳍条病灶部位遭受破坏出现腐烂。

4. 防治

① 防止野生鱼类进入养殖体系，避免养殖鱼类受到小瓜虫感染。鱼塘灌满水之后，至少要自净 3 天以后才能放入鱼苗，因为即使随水源引入幼虫，在它们没有找到宿主感染时，2 天后会自行死亡。② 有小瓜虫发病史的鱼塘，

放苗前要彻底清塘，清除池底过厚淤泥，并且在烈日下曝晒1周。③做好鱼苗、鱼种下塘前鱼病防疫工作，发现小瓜虫寄生，要用药物进行浸浴。④加强饲养管理，投喂营养全面的全价配合饲料，提高鱼体免疫力，减少病害发生几率。

5. 治疗

①全池泼洒车轮净，每亩水深1米用量200毫升。②每亩水深1米，用干辣椒250克+干姜片100克混合加水煮沸，全池泼洒。③硫酸铜和硫酸亚铁合剂全池泼洒，浓度为0.7毫克/升，5∶2的配比。④利用小瓜虫幼虫孵化时间通常在午夜至凌晨的发育特性，夜间使用硫酸铜，可杀灭抵抗力相对较弱的幼虫。

十六、指环虫病

1. 病原

指环虫，身体小，但肉眼可见。虫体头端分为4叶，靠近咽的两侧有2对棕褐色的眼点。身体的前半部内有1个角质交合器；身体后端为一膨大呈盘状的固着器，上有1对呈锚形的中央大钩、背腹联结棒和7对边缘小钩。其体色灰白，在寄生处不停地做尺蠖式运动（图8.11）。

2. 流行情况

指环虫是一类常见的鱼类体外寄生虫，主要寄生在鱼类鳃部，危害各种淡水养殖鱼类。指环虫适宜繁殖的水温为15～25℃，因此该病流行于春末、夏初。指环虫生活史简单，幼虫发育不需要经过变态，也无需中间宿主，在鱼鳃上直接发育为成虫，主要靠虫卵和幼虫传播。宿主死亡后，寄生指环虫会在24小时以内死亡。

3. 症状

当小鱼种大量被指环虫寄生时，在短时间内可造成大批鱼种死亡。成鱼

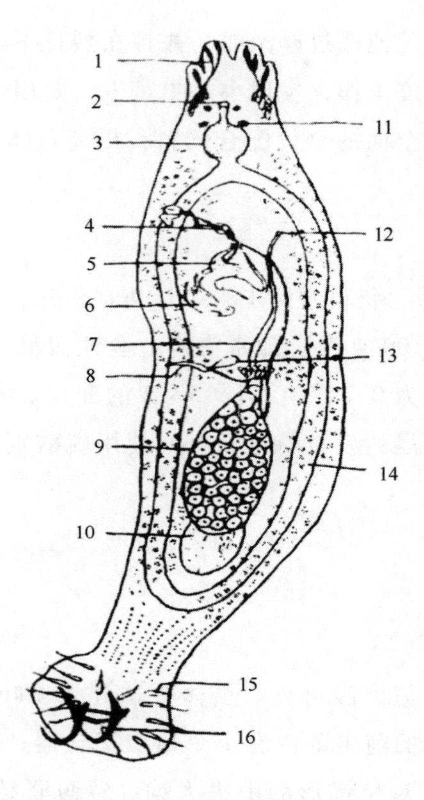

图 8.11　鳃片指环虫

1. 头器；2. 口；3. 咽；4. 交配器；5. 前列腺；6. 贮精囊；7. 子宫；8. 阴道；9. 卵巢；
10. 睾丸；11. 眼点；12. 雌性生殖孔；13. 受精囊；14. 肠；15. 边缘小钩；16. 锚钩

（引自刘建康等《中国淡水鱼类养殖学》）

被指环虫大量寄生时表现为鱼体消瘦，体色发黑，食欲不振，呼吸困难，狂躁不安，鳃盖微张，打开鳃盖大多有污物附着，鳃丝上黏液增多，严重时腐烂缺损，呈继发性烂鳃特征。病变性质与寄生持续时间及寄生虫的数量有直接关系，少量寄生时表现为组织增生。大量急性寄生时，由于虫体的中央大钩和边缘小钩分别钩住和黏附在鳃上，并在鳃上爬动，侵入上皮，上皮脱落，引起鳃组织损伤而出血、组织增生，鳃丝肿胀，呈花鳃，鳃丝黏液增多，鳃丝全部或部分呈现白色，同时引起细菌性烂鳃病的继发感染，加剧了各器官出现广泛性病变，直至各系统代谢紊乱。急性感染与慢性感染其组织病理表现不同。慢性感染以变性损伤为主，破坏上皮细胞，组织增生，鳃瓣缺损，黏液增多，鳃血管充血、出血，皮细胞增生，使鳃小片融合，严重时鳃小片坏死解体。

4. 预防

① 彻底清塘。② 加强饲养管理，坚持健康生态养殖理念。③ 鱼种放养前用 5 毫克/升精制敌百虫粉水溶液，药浴 15~30 分钟。

5. 治疗

① 全池泼洒车轮指环清，每亩水深 1 米用量 150 克。

② 全池泼洒硫酸铜和硫酸亚铁合剂，浓度为 0.7 毫克/升，5：2 的配比。

③ 指环杀星每亩水深 1 米用量 30~50 毫升，用水稀释 1 000~3 000 倍后全池均匀泼洒，注意局部药物浓度不要过高。

④ 渔经高铜溶液 200 毫升+0.5%阿维菌素溶液每亩水深 1 米用量 20~25 毫升，全池泼洒。

十七、三代虫病

1. 病原

三代虫，头端分两叶，无眼点；后固着器伞形，上有一对锚形的中央大钩和 8 对边缘小钩。交配囊位于虫体的中部。三代虫最显著的特征是虫体中已有子代胚胎，子胎胚中又含有第三代胚胎。

2. 流行情况

三代虫的病原体是三代虫，共有 500 多个种，我国常见的有 2 种，即鲩

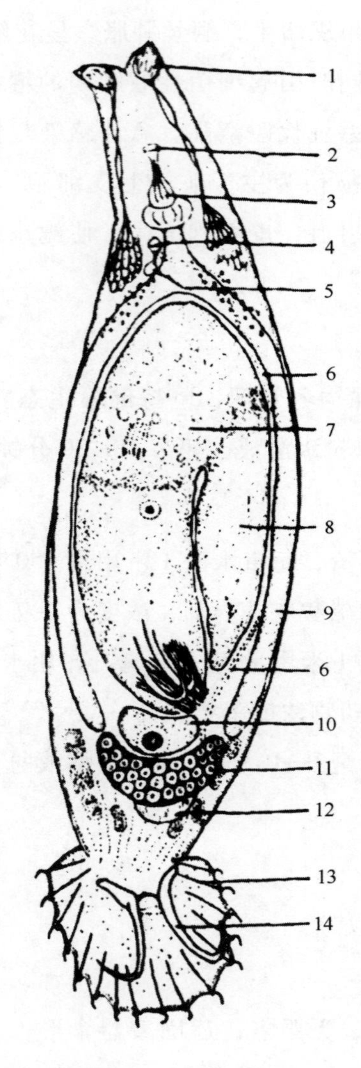

图 8.12　秀丽三代虫

1. 头器；2. 口；3. 咽；4. 交配囊；5. 贮精囊；6. 输精管；7. 第三代胎儿；
8. 第二代胎儿；9. 肠；10. 成熟的虫卵；11. 卵巢；12. 睾丸；13. 边缘小钩；14. 锚钩

（引自刘建康等《中国淡水鱼类养殖学》）

三代虫和秀丽三代虫（图 8.12），是常见的鱼类体外寄生虫。三代虫是雌雄同体的胎生性寄生虫，繁殖能力极强，繁殖最适宜水温 20℃左右。主要流行于春季和秋末冬季。分布甚广，主要危害的是幼鱼。三代虫感染强度与宿主身体状态有关，对于处于饥饿、缺氧状态下的宿主，更易感染。

3. 症状

三代虫主要寄生在淇河鲫鱼的鳃部、体表和鳍条上，有时在口腔、鼻孔中也有寄生。三代虫以其大钩和边缘小钩钩在上皮组织及鳃丝组织上，利用头器的黏着作用在鱼体表或鳃上做尺蠖式运动，对鱼体体表及鳃部造成创伤。严重的病鱼皮肤上有一层灰白色黏液膜，失去原有光泽，状态不安，常狂游水中；若寄生在鳃上，可导致在鳃上形成血斑，鳃丝边缘呈灰白色，食欲减退，最后窒息死亡。

三代虫的寄生，损伤了鱼体组织，降低了鱼体组织对细菌、霉菌和病毒的抵抗力，增加了淇河鲫鱼继发感染其他鱼病的机会。

4. 预防

① 彻底清塘。② 加强饲养管理，坚持健康生态养殖理念。③ 鱼种放养前用 5 毫克/升精制敌百虫粉水溶液，药浴 15~30 分钟。

5. 治疗

① 1 瓶指环清（250 毫升）+1 瓶菌虫杀手（100 毫升）用于 4~6 亩每米水深。② 指环杀星每亩水深 1 米用量 30~50 毫升，用水稀释 1 000~3 000 倍后全池均匀泼洒，注意局部药物浓度不要过高。

十八、锚头鳋病

1. 病原

多态锚头鳋。只有雌性成虫才营永久性寄生生活，无节幼体营自由生活，桡足幼体营暂时性寄生生活。雄性锚头鳋始终保持剑水蚤型的体形；雌性锚头鳋在开始营永久性寄生生活时，体形发生变化，虫体拉长，体节融合成筒状，且扭转，头胸部长出头角。头胸部由头节和第1胸节融合而成。胸部和头胸部之间无明显界线，一般自第1游泳足之后到排卵孔之前为胸部，5对游泳足为双肢形。雌性锚头鳋在生殖季节常带有1对卵囊，卵多行，内含卵几十个到数百个，腹部短小。

2. 流行情况

对淡水养殖鱼类各龄鱼都有危害，且感染率高、感染强度大，流行季节长。锚头鳋在12~33℃时都可繁殖，故该病主要流行于夏季，对鱼种危害更甚。对2龄以上的鱼一般不会引起大量死亡，但影响鱼体生长、繁殖及商品价值。虫体通过直接接触方式感染。

3. 症状

病鱼通常烦躁不安，食欲减退，行动迟缓。锚头鳋主要寄生在鱼体和外界接触的部位上，通过头部插入鱼体肌肉组织、鳞下，身体大部分露在鱼体外部且肉眼可见，犹如在鱼体上插入小针，故又称之为“针虫病”。虫体若寄生在鳞片和肌肉中，插入部位周围组织发炎红肿，造成鱼体的出血和发炎；若寄生在口腔中，则鱼嘴一直开着，称“开口病”；老虫阶段寄生部位的鳞片往往有“缺口”，可导致累枝虫和钟虫的寄生，像棉絮一样，又称“蓑衣病”。

4. 预防

① 用生石灰或漂白粉清塘。② 放养鱼种可用敌百虫溶液浸洗。③ 利用锚头鳋对宿主的选择性，采用轮养法，达到预防的目的。

5. 治疗

① 用10~30毫克/升高锰酸钾药浴30~60分钟：高温时，低浓度短时间；低温时，高浓度长时间。② 用鱼虫必克每亩水深1米用量25毫升，用2 000

~3 000 倍水稀释，全池均匀泼洒。③ 用30%精制敌百虫粉每亩水深 1 米用量 250~350 克，全池泼洒，可以杀死锚头鳋幼虫。一般情况下，如果鱼体感染的锚头鳋多为“幼虫”，可在半个月内连洒 2 次药，如果多为壮虫，则施药一次，如多为老虫，则可以不施药。④ 成鱼塘发生锚头鳋病采用全池泼洒法，每亩池塘用 1%溴氯菊酯溶液，每亩水深 1 米用量 20~30 毫升，3~7 天后再泼洒第二次，第二次用药量可略小于第一次。⑤ 注意水质变化，杀虫后可以选用碘制剂或氯制剂等进行水体消毒。

十九、鱼鲺病

1. 病原

日本鲺，其个体大，肉眼可见，它的颜色同鱼体色接近。

2. 流行情况

流行季节为 5—10 月，在水温 25~30℃的 7—8 月最为严重。

3. 症状

主要寄生在淇河鲫鱼的体表及鳃。由于鲺腹面有许多倒刺，在鱼体上不断爬动，再加上刺的刺伤，大颚撕破体表，使鱼的体表黏液增多，往往在水中狂游或跃出水面，以后病鱼食欲减退，身体逐渐瘦弱，体色发黑，浮游于水面，严重时鱼的体表形成很多伤口，充血或出血严重，体色变黑，最终失去平衡而死。当寄生在鱼的鳃部和口腔时，由于虫体的侵袭，鳃上黏液增多，引起呼吸障碍；口腔壁发炎，充血，如果弧菌继发感染，可引起溃烂。

4. 预防

① 用生石灰清塘。② 放养鱼种可用敌百虫溶液浸洗。

5. 治疗

① 用 10~30 毫克/升高锰酸钾药浴 30~60 分钟。高温时，低浓度短时间，

低温时，高浓度长时间。② 鱼虫必克每亩水深 1 米用量 20 毫克，用 2 000~3 000倍水稀释，全池均匀泼洒。③ 也可选用水蛛立杀每亩水深 1 米用量 30 毫升，用 2 000~3 000倍水稀释，全池均匀泼洒。④ 鱼虫净 0.01~0.15 毫克/升兑水，全池遍洒。⑤ 注意水质变化，杀虫后可以选用氯制剂、碘制剂等水体进行消毒。

二十、嗜子宫线虫病

1. 病原体

鲫嗜子宫线虫，雌虫细长，寄生在淇河鲫鱼的尾鳍内，呈血红色，故俗称“红线虫”；雄虫寄生在上述鱼的腹腔和鳔内，比雌虫小很多，呈白色。能够危害造成鱼体发病的是雌虫。

2. 流行情况

一年四季均有发生。

3. 症状

病鱼被雌虫寄生的部位，可以看到血红色的细长线虫，寄生处鳞片竖起，寄生部位充血、发炎，掀起鳞片即可见红色的虫体。

4. 预防

用生石灰清塘，杀灭幼虫及中间寄主（萨氏中镖水蚤）。

5. 治疗

① 用碘酒或 1%高锰酸钾涂抹病鱼体表病灶处，注意在涂药时病鱼的头部应比尾部稍高，以防药液淌入鳃中，损坏鳃组织。② 30%精制敌百虫粉每亩水深 1 米用量 250~350 克，全池泼洒。③ 用 2%食盐水溶液浸浴 10~20 分钟。④ 用晶体敌百虫和面碱合剂（10：6）泼洒，第一天每立方水体用 0.2 克，第二天用 0.3 克。⑤ 用去皮的大蒜头捣碎取汁，加水 5 倍

冲稀，浸洗病鱼2分钟。

二十一、黏孢子虫病

1. 病原

黏孢子虫（图8.13）。

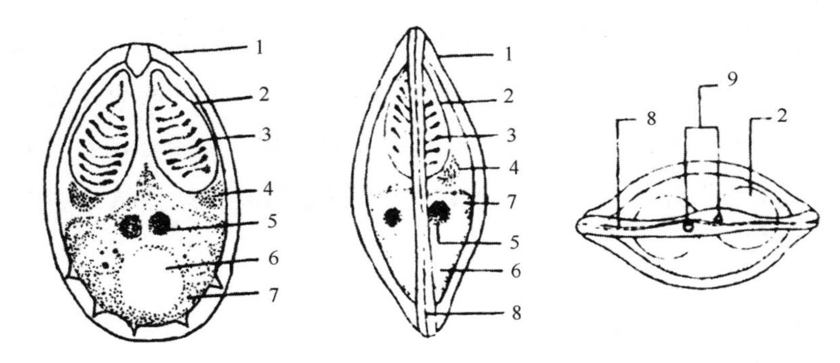

图8.13　黏孢子虫孢子的形态构造

1. 孢壳；2. 极囊；3. 极丝；4. 极囊丝；5. 胚核；6. 嗜碘泡；7. 孢质；8. 缝线；9. 极丝之出孔

（引自陈启鎏《湖北省鱼病病原区系图志》）

2. 流行情况

鲫黏孢子虫病主要危害淇河鲫鱼1龄鱼种和成鱼，夏花鱼种发病较少。4—10月为流行季节，尤以6—8月最为严重。集约化养殖水平越高，其危害明显增大。发病池塘感染率一般为30%~80%，死亡率一般为20%左右，经济损失很大。

3. 症状

鲫黏孢子虫寄生于鱼鳞片、鳃、皮肤及鳍条上，病鱼体色发黑，鱼体瘦弱，离群独游，食欲减退。寄生鱼体表则出现脓泡状圆形小点；寄生于鱼鳞下则形成胞囊，随着胞囊逐渐增大，寄生处鳞片竖起，体表肿胀，有的肌肉溃烂；寄生于鳃部则黏液增多，鳃丝腐烂和肿胀；寄生于脑部则解剖寄生部位可见白色胞囊；寄生于内脏组织则呈白色胞囊。

4. 预防

① 用生石灰彻底清塘，挖除过多的淤泥。② 严格执行检疫制度，不从疫区购买携带有病原的苗种。③ 有发病史的鱼塘，在发病季节每月 2 次泼洒敌百虫，浓度为 0.2~0.3 毫克/升。④ 鱼种放养前用高锰酸钾或敌百虫和硫酸铜合剂浸洗，杀灭黏孢子，防止随鱼种进池。⑤ 发现病鱼和死鱼，及时捞出，并做焚烧处理或深埋。⑥ 发病鱼塘用过的工具，要做好消毒处理，以防再度感染。⑦ 加强健康养殖技术管理，投喂优质饵料，增强鱼体抗病力。

5. 治疗

目前尚无专门治疗的理想药物。

① 使用国家规定的水产养殖用抗原虫药。地克珠利预混剂，以有效剂量计，拌饵投喂，一日量，每千克鱼体重，2.0~2.5 毫克，连用 5~7 天。

② 百部贯众散，全池泼洒，每 1 立方米水体用药 3 克，连用 5 日。

二十二、饥饿

饥饿是绝对性营养缺乏病。其病因是完全得不到食物，或者食物提供不足或鱼种放养过密得不到相应的食饵，或者放养规格大小相差悬殊，竞争饵料造成的结果。

饥饿的鱼体通常体色比正常的深、肉质较软，体背瘦若刀状，游泳不平衡，常游于池边，夏花鱼种培育时缺饵，使这些鱼结队成群围绕鱼池逛游不止，如跑马观花状，俗称“跑马病”。由于长时的逛游造成鱼种体质消瘦，以至易感染病菌死亡。

防治过程中，要注意：① 要定时定位投饵，而且饵料足、营养成分齐全。② 放养鱼种不能过密，同一品种时规格要整齐，避免抢食中弱者受欺挨饿。③ 沿池塘周围，用芦席等隔断鱼种群游路线，并堆放一些豆饼料，以诱鱼吃食，防治跑马病的疗效颇好。同时，也可相应地分出部分大规格鱼种于其他池中单养也较好。

二十三、气泡病

养鱼池中施肥过多，而且肥料未经发酵分解，在缺氧情况下分解释放出甲烷、二氧化碳、硫化氢等气泡；或由于水体中含藻类很多，经过强烈阳光照射时，藻类光合作用放出氧气，使水呈过饱和状态，或在苗种运输过程中人工送气过多等，均会引起鱼苗误吞这些小气泡，使鱼体上浮、游动不正常，严重时引起大量死亡。

防治过程中主要防止水体中气体过饱和，不要施入未经发酵的肥料，平时必须严格控制投饵量及施肥量；同时要保持水质新鲜，不使浮游植物繁殖过多；鱼苗运输也不要进行急剧的送气，如发现有气泡病，应该进行换水或注入新水，防止病情恶化，病情轻者在清水中能排出气泡，使鱼恢复健康。池塘中泼洒食盐水，也可减轻病情。

二十四、泛池

水中由于严重缺乏氧气而引起池鱼几乎全部死亡，这种现象叫泛池。

泛池主要发生在夏秋闷热季节的静水池中，尤其在雷雨前气压很低，水中氧气减少，雷雨后池水的表层温度低，底层高，引起池水对流，使池底腐殖质翻起，加速分解，消耗大量氧气，致使大批鱼类窒息死亡。泛池一般发生在黎明前，这是因为水中藻类在白天进行光合作用，吸入二氧化碳，放出氧气，但在晚上则相反，因藻类呼吸消耗大量氧气，故在黎明前水中氧气是一天中最低的时刻，相差可达数十倍。

防治过程中，要注意：① 冬季清塘时，应挖去塘底过多淤泥，以免影响水质。② 根据气候和水质状况进行施肥和投饵，残饵应及时去除。③ 高产塘应安装增氧机，定时开机增氧；在闷热的夏秋季，应加强巡塘工作，适当减少投饵量，加注新水，定期施用好水素，可避免泛池。④ 发现鱼类浮头，如无增氧机或注水不方便的水体，应立即进行化学增氧，如使用渔经公司生产的高效增氧剂——高氧和颗粒氧，每亩水面用量每次 300~500 克，将药剂泼洒于鱼类浮头处。若鱼类浮头严重，并视浮头情况，隔 1~2 小时后，再泼洒一次。直至天明太阳出来，鱼类浮头完全消失为止。⑤ 发现鱼类浮头，应立即灌注新水。进水口应铺以木板或芦席等不使水直接冲入池底，以免把池底淤泥冲起。有必要时还要将鱼转塘。⑥ 池塘安装物联网、水质监测设备，控制增氧机。

二十五、鸟类敌害

许多鸟类喜栖于水滨生活，它们不仅猎取鱼、虾类为食物，而且还有些水鸟是鱼类寄生虫的终宿主，通过把寄生虫卵随同粪便排入水中，造成疾病的传播，例如鸥鸟，不仅以捕鱼和昆虫等为生，而且还常传播寄生虫卵，造成对养殖苗种的危害。

一般过去用猎枪或鸟枪击杀，或装置诱捕器捕捉，现今国家法律法规所不容，只好预防。在鱼池上布网片，以防鸟类飞进啄鱼；消灭中间寄主螺类和水中虫蚴。

附录一
河南省地方标准——淇河鲫

1　范围

本标准规定了淇河鲫（*Carassius auratus* gibelio var. Qihe）的主要生物学性状、生长与繁殖、生化指标、遗传学特性及其检测方法。

本标准适用于淇河鲫的种质鉴定。

2　规范性引用文件

下列文件对于本文件的应用是必不可少的。凡是注日期的引用文件，其所注日期的版本适用于本文件。凡是不注日期的引用文件，其最新版本（包括所有的修改单）适用于本文件。

GB/T 18654.1　养殖鱼类种质检验　第1部分：检验规则

GB/T 18654.2　养殖鱼类种质检验　第2部分：抽样方法

GB/T 18654.3　养殖鱼类种质检验　第3部分：性状测定

GB/T 18654.4　养殖鱼类种质检验　第4部分：年龄与生长的测定

GB/T 18654.6　养殖鱼类种质检验　第6部分：繁殖性能的测定

GB/T 18654.12　养殖鱼类种质检验　第12部分：染色体组型分析

3　学名与分类

3.1　学名

淇河鲫（*Carassius auratus* gibelio var. Qihe）。

3.2　分类位置

鲤形目（Cypriniformes），鲤科（Cyprinidae），鲤亚科（Cyprininae），鲫属（Carassius）。

4　主要生物学性状

4.1　外部形态特征

4.1.1　外形

体高而侧扁，背腹部圆。头短小。吻钝，口端位。无须。眼中等大，位于头侧上方。背鳍外缘平直，背鳍与臀鳍都具有硬刺，最后一根硬刺后缘锯齿粗且稀。同龄雄鱼，体型较雌鱼小。体型最大特点是背脊厚，呈滚圆状，尾柄高大于尾柄长。淇河鲫的外部形态见图1。

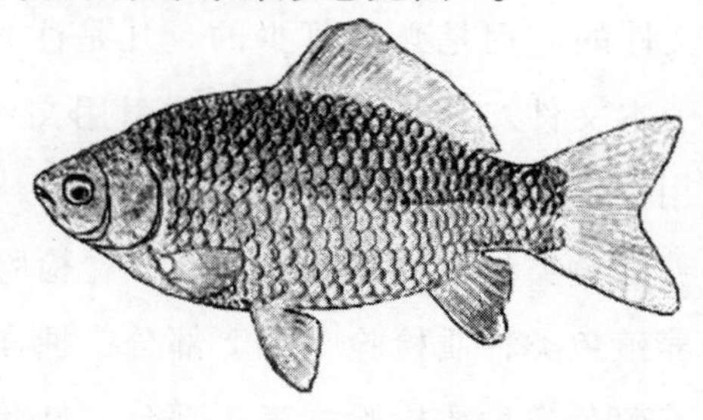

图1　淇河鲫外形图

4.1.2 体色

体色随环境不同在淇河中有三种颜色：一是在有温泉段的河流中背部两侧呈金黄色，二是在清水水草多段背部两侧呈黑灰色，三是在浑水段背部两侧呈银灰色、腹部呈白色。池塘养殖的淇河鲫背部两侧呈灰黑色，腹部呈白色。

4.1.3 可数性状

4.1.3.1 左侧第一鳃弓外侧鳃耙数：44~56。

4.1.3.2 侧线鳞鳞式：$29\frac{6}{6}33$。侧线鳞多数为 29~31。

4.1.3.3 背鳍鳍式：D. iii，15~19。

4.1.3.4 臀鳍鳍式：A. iii，5。

4.1.4 可量性状

对于体长 90~200 mm、体重 24~353 g 的淇河鲫个体，实测可量性状比例变动值见表 1。

表 1 淇河鲫可量性状比例变动值

项目	平均值	变动范围
全长/体长	1.28±0.03	1.20~1.33
体长/体高	2.61±0.08	2.47~2.78
体长/头长	3.88±0.15	3.63~4.17
体长/尾柄长	7.29±0.24	6.88~7.64
头长/吻长	4.44±0.19	4.12~4.77
头长/眼径	3.94±0.17	3.63~4.29
头长/眼间距	1.98±0.11	1.82~2.17
尾柄长/尾柄高	0.82±0.07	0.68~0.94
体长/体宽	5.14±0.16	4.88~5.41

4.2 内部构造

4.2.1 鳔

鳔分 2 室，后室较前室大，后室末端尖，呈锥状。

4.2.2 脊椎骨

脊椎骨总数：4+28~30。

4.2.3 下咽齿

下咽齿 1 行。齿式为 4/4。

4.2.4 腹膜

腹膜为黑色。

5 生长与繁殖

5.1 生长

5.1.1 淇河鲫不同年龄组的体长和体重

淇河鲫不同年龄组的实测体长和体重见表 2。

表 2 不同年龄组鱼的体长与体重实测值

项目	年龄/a		
	1	2	3
体长/mm	90~112	120~173	160~195
体重/g	28~53	61~186	180~288

5.1.2 淇河鲫的体长与体重关系式

体长与体重的关系式见式（1）

$$W = 0.0315L^{3.0629} \quad (1)$$

式中：W——鱼体体重，g；

L——鱼体体长，cm。

5.2 繁殖

5.2.1 性成熟年龄：雌、雄鱼均为1龄。

5.2.2 性成熟个体性腺每年成熟一次，分批产卵，卵具黏性，沉性卵。

5.2.3 繁殖水温：16~28℃，适宜水温18~24℃。

5.2.4 怀卵量：不同年龄组个体怀卵量见表3。

表3 不同年龄组个体怀卵量

项目	年龄 a/龄			
	1	2	3	4
体重/g	25~54	62~149	120~237	263~361
绝对怀卵量 a/粒	4 288~11 655	9 903~25 799	21 857~56 496	43 243~83 504
相对怀卵量 b/（粒/g）	110~236	123~254	132~285	139~311

6 生化遗传学特性

6.1 肾脏中乳酸脱氢酶（LDH）同工酶酶带电泳图见图2a。

6.2 肾脏中乳酸脱氢酶（LDH）同工酶酶带扫描图见图2b。

6.3 肾脏中LDH同工酶酶带电泳图和扫描图

肾脏LDH同工酶各谱带的相对活性和迁移率见表4。

a

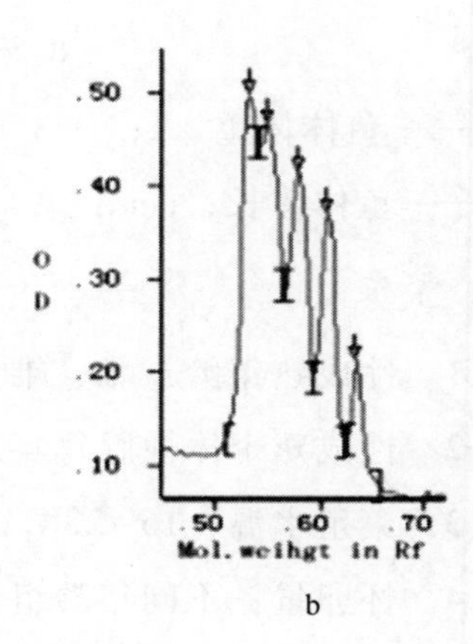

b

图2 肾脏中乳酸脱氢酶（LDH）

表4 肾脏LDH同工酶各谱带相对活性和迁移率（%）

酶 带	LDH1	LDH2	LDH3	LDH4	LDH5
相对活性	7.6	18.7	23.1	25.5	25.1
相对迁移率	63.3	60.7	57.8	54.9	53.1

7 遗传学特性

体细胞染色体数3n约为150。核型公式：$3n=33m+42sm+36st+39t$，染色体臂数（NF）：225。

淇河鲫染色体组型见图3。

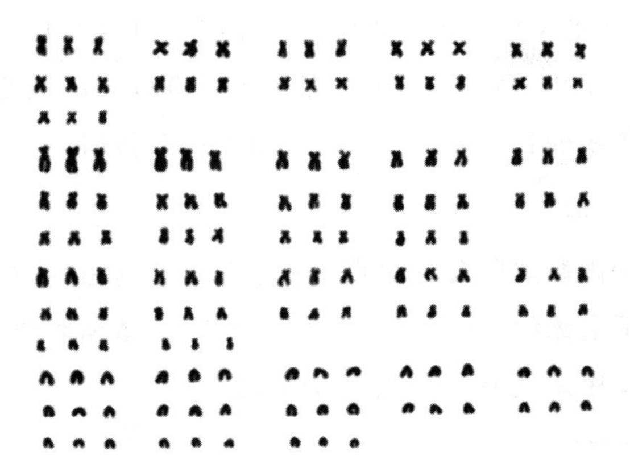

图 3　淇河鲫的染色体核型图

8　检测方法

8.1　抽样

按 GB/T 18654.2 的规定执行。

8.2　性状测定

按 GB/T 18654.3 的规定执行。

8.3　年龄测定

取鳞片为材料，方法按　GB/T 18654.4 的规定执行

8.4　繁殖性能的测定

怀卵量的测定按 GB/T 18654.6 中的规定执行。

8.5　生化遗传分析

8.5.1　样品制备

取活鱼擦干鱼体表水分，断尾放血，迅速解剖取肾脏组织，用 4℃ 生理

盐水洗净，加入10倍体积的预冷磷酸盐缓冲液（pH=7.4），在预冷的玻璃匀浆器中充分匀浆。所得匀浆液在4℃条件下，5 000 r/min 离心 10 min，吸取上清液按加入1倍体积的甘油放入-25 ℃冰箱中保存备用。

8.5.2 电泳方法

采取不连续聚丙烯酰胺凝胶垂直平板电泳。电泳在 4 ℃冰箱内进行，在100~200 V 稳压下电泳约2 h，分离胶浓度为7%，浓缩胶浓度为4%，缓冲系统为三羟甲基氨基甲烷（Tris）-甘氨酸系统。

8.5.3 染色和固定

电泳结束后取出凝胶，放在 LDH 酶活性染色液里，37℃水浴保温 20 min，即显出清晰的蓝色酶带。染色后用去离子水漂洗 3 次，在 7%乙酸中固定，然后进行拍照。

8.5.4 凝胶成像分析

用凝胶成像软件对电泳图谱进行分析，计算出各区带的相对活性。

8.6 染色体检测

按 GB/T 18654.12 的规定执行。

9 检验规则与综合判定

按照 GB/T 18654.1 的规定执行。

附录二 国家渔业水质标准

为贯彻执行中华人民共和国《环境保护法》、《水污染防治法》和《海洋环境保护法》、《渔业法》，防止和控制渔业水域水质污染，保证鱼、贝、藻类正常生长、繁殖和水产品的质量，特制定本标准。

1 主题内容与适用范围

本标准适用鱼虾类的产卵场、索饵、越冬场、洄游通道和水产增养殖区等海、淡水的渔业水域。

2 引用标准

GB 5750	生活饮用水标准检验法		
GB 6920	水质	pH 值的测定	玻璃电极法
GB 7467	水质	六价铬的测定	二碳酰二肼分光光度法
GB 7468	水质	总汞测定	冷原子吸收分光光度法
GB 7469	水质	总汞测定	高锰酸钾-过硫酸钾消除法双硫腙分光光度法

续表

GB 5750	生活饮用水标准检验法		
GB 7470	水质	铅的测定	双硫腙分光光度法
GB 7471	水质	镉的测定	双硫腙分光光度法
GB 7472	水质	锌的测定	双硫腙分光光度法
GB 7474	水质	铜的测定	二乙基二硫代氨基甲酸钠分光光度法
GB 7475	水质	铜、锌、铅、镉的测定	原子吸收分光光度法
GB 7479	水质	铵的测定	纳氏试剂比色法
GB 7481	水质	氨的测定	水杨酸分光光度法
GB 7482	水质	氟化物的测定	茜素磺酸锆目视比色法
GB 7484	水质	氟化物的测定	离子选择电极法
GB 7485	水质	总砷的测定	二乙基二硫代氨基甲酸银分光光度法
GB 7486	水质	氰化物的测定	第一部分：总氰化物的测定
GB 7488	水质	五日生化需氧量（BOD5）稀释与接种法	
GB 7489	水质	溶解氧的测定	碘量法
GB 7490	水质	挥发酚的测定	蒸馏后 4-氨基安替比林分光光度法
GB 7492	水质	六六六、滴滴涕的测定	气相色谱法
GB 8972	水质	五氯酚的测定	气相色谱法
GB 9803	水质	五氯酚钠的测定	藏红 T 分光光度法
GB 11891	水质	凯氏氮的测定	
GB 11901	水质	悬浮物的测定	重量法
GB 11910	水质	镍的测定	丁二铜肟分光光度法
GB 11911	水质	铁、锰的测定	火焰原子吸收分光光度法
GB 11912	水质	镍的测定	火焰原子吸收分光光度法

3 渔业水质要求

3.1 渔业水域的水质，应符合渔业水质标准（表1）

表1 渔业水质标准 mg/L

项目序号	项 目	标准值
1	色、臭、味	不得使鱼、虾、贝、藻类带有异色、异臭、异味
2	漂浮物质	水面不得出现明显油膜或浮沫
3	悬浮物质	人为增加的量不得超过10，而且悬浮物质沉积于底部后，不得对鱼、虾、贝类产生有害的影响
4	pH值	淡水6.5~8.5，海水7.0~8.5
5	溶解氧	连续24 h中，16 h以上必须大于5，其余任何时候不得低于3，对于鲑科鱼类栖息水域冰封期其余任何时候不得低于4
6	生化需氧量（五天、20℃）	不超过5，冰封期不超过3
7	总大肠菌群	不超过5 000个/L（贝类养殖水质不超过500个/L）
8	汞	≤0.000 5
9	镉	≤0.005
10	铅	≤0.05
11	铬	≤0.1
12	铜	≤0.01
13	锌	≤0.1
14	镍	≤0.05
15	砷	≤0.05
16	氰化物	≤0.005
17	硫化物	≤0.2

续表

项目序号	项　目	标准值
18	氟化物（以 F-计）	≤1
19	非离子氨	≤0.02
20	凯氏氮	≤0.05
21	挥发性酚	≤0.005
22	黄磷	≤0.001
23	石油类	≤0.05
24	丙烯腈	≤0.5
25	丙烯醛	≤0.02
26	六六六（丙体）	≤0.002
27	滴滴涕	≤0.001
28	马拉硫磷	≤0.005
29	五氯酚钠	≤0.01
30	乐果	≤0.1
31	甲胺磷	≤1
32	甲基对硫磷	≤0.000 5
33	呋喃丹	≤0.01

3.2　各项标准数值系指单项测定最高允许值。

3.3　标准值单项超标，即表明不能保证鱼、虾、贝正常生长繁殖，并产生危害，危害程度应参考背景值、渔业环境的调查数据及有关渔业水质基准资料进行综合评价。

4 渔业水质保护

4.1 任何企、事业单位和个体经营者排放的工业废水、生活污水和有害废弃物，必须采取有效措施，保证最近渔业水域的水质符合本标准

4.2 未经处理的工业废水、生活污水和有害废弃物严禁直接排入鱼、虾类的产卵场、索饵场、越冬场和鱼、虾、贝、藻类的养殖场及珍贵水生动物保护区。

4.3 严禁向渔业水域排放含病原体的污水；如需排放此类污水，必须经过处理和严格消毒。

5 标准实施

5.1 本标准由各级渔政监督管理部门负责监督与实施，监督实施情况，定期报告同级人民政府环境保护部门。

5.2 在执行国家有关污染物排放标准中，如不能满足地方渔业水质要求时，省、自治区、直辖市人民政府可制定严于国家有关污染排放标准的地方污染物排放标准，以保证渔业水质的要求，并报国务院环境保护部门和渔业行政主管部门备案。

5.3 本标准以外的项目，若对渔业构成明显危害时，省级渔政监督管理部门应组织有关单位制订地方补充渔业水质标准，报省级人民政府批准，并报国务院环境保护部门和渔业行政主管部门备案。

5.4 排污口所在水域形成的混合区不得影响鱼类洄游通道。

6 水质监测

6.1 本标准各项目的监测要求，按规定分析方法（表2）进行监测。

6.2 渔业水域的水质监测工作，由各级渔政监督管理部门组织渔业环境

监测站负责执行。

表 2 渔业水质分析方法

序号	项目	测定方法	试验方法标准编号
3	悬浮物质	重量法	GB 11901
4	pH 值	玻璃电极法	GB 6920
5	溶解氧	碘量法	GB 7489
6	生化需氧量	稀释与接种法	GB 7488
7	总大肠菌群	多管发酵法滤膜法	GB 5750
8	汞	冷原子吸收分光光度法 高锰酸钾-过硫酸钾消解 双硫腙分光光度法	GB 7468 GB 7469
9	镉	原子吸收分光光度法 双硫腙分光光度法	GB 7475 GB 7471
10	铅	原子吸收分光光度法 双硫腙分光光度法	GB 7475 GB 7470
11	铬	二苯碳酰二肼分光光度法（高锰酸盐氧化）	GB 7467
12	铜	原子吸收分光光度法 二乙基二硫代氨基甲酸钠分光光度法	GB 7475 GB 7474
13	锌	原子吸收分光光度法 双硫腙分光光度法	GB 7475 GB 7472
14	镍	火焰原子吸收分光光度法 丁二铜肟分光光度法	GB 11912 GB 11910
15	砷	二乙基二硫代氨基甲酸银分光光度法	GB 7485
16	氰化物	异烟酸-吡啶啉酮比色法 吡啶 -巴比妥酸比色法	GB 7486
17	硫化物	对二甲氨基苯胺分光光度法 1）茜素磺锆目视比色法	GB 7482
18	氟化物	离子选择电极法 纳氏试剂比色法	GB 7484 GB 7479

续表

序号	项目	测定方法	试验方法 标准编号
19	非离子氨 2)	水杨酸分光光度法	GB 7481
20	凯氏氮		
21	挥发性酚	蒸馏后 4-氨基安替比林分光光度法	GB 11891
22	黄磷		
23	石油类	紫外分光光度法 1） 高锰酸钾转化法 1） 4-乙基间苯二酚分	
24	丙烯腈	光光度法	GB 7490
25	丙烯醛	气相色谱法	
26	六六六（丙体）	气相色谱法	
27	滴滴涕	气相色谱法 1） 气相色谱法	
28	马拉硫磷	藏红剂分光光度法	
29	五氯酚钠	气相色谱法 3）	GB 7492
30	乐果	气相色谱法 3）	GB 7492
31	甲胺磷		
32	甲基对硫磷		GB 8972
33	呋喃丹		GB 9803

注：暂时采用下列方法，待国家标准发布后，执行国家标准。

1） 渔业水质检验方法为农牧渔业部 1983 年颁布。

2） 测得结果为总氨浓度，然后按表 A1、表 A2 换算为非离子浓度。

地面水水质监测检验方法为中国医学科学院卫生研究所 1978 年颁布。

附录三
无公害食品 淡水养殖用水水质标准

农产品安全质量无公害水产品产地环境要求

1 范围

GB/T 18407 的本部分规定了无公害水产品的产地环境、水质要求和检验方法。本部分适用于无公害水产品的产地环境的评价。

2 规范性引用文件

下列文件中的条款通过 GB/T 18407 的本部分的引用而成为本部分的条款。

凡是注日期的引用文件，其随后所有的修改单（不包括勘误的内容）或修订版均不适用于本部分，然而，鼓励根据本部分达成协议的各方研究是否可使用这些文件的最新版本。

凡是不注日期的引用文件，其最新版本适用于本部分。

GB/T 8170 数值修约规则 GB 11607—1989 渔业水质标准

GB/T 14550 土壤质量 六六六和滴滴涕的测定 气相色谱法

GB/T 17134 土壤质量 总砷的测定 二乙基二硫代氨基甲酸银分光光度法

GB/T 17136 土壤质量 总汞的测定 冷原子吸收分光光度法

GB/T 17137 土壤质量 总铬的测定 火焰原子吸收分光光度法

GB/T 17138 土壤质量铜、锌的测定 火焰原子吸收分光光度法

GB/T 17141 土壤质量铅、镉的测定石墨炉原子吸收分光光度法

3 要求

3.1 产地要求

3.1.1 养殖地应是生态环境良好，无或不直接受工业“三废”及农业、城镇生活、医疗废弃物污染的水（地）域。

3.1.2 养殖地区域内及上风向、灌溉水源上游，没有对产地环境构成威胁的（包括工业“三废”、农业废弃物、医疗机构污水及废弃物、城市垃圾和生活污水等）污染源。

3.2 水质要求

水质质量应符合 GB 11607 的规定。

3.3 底质要求

3.3.1 底质无工业废弃物和生活垃圾，无大型植物碎屑和动物尸体。

3.3.2 底质无异色、异臭，自然结构。

3.3.3 底质有害有毒物质最高限量应符合表 1 的规定。

表 1 底质有害有毒物质最高限量

项目	指标 mg/kg（保温）
总汞≤	0.2
镉≤	0.5

续表

铜≤	30
项目	指标 mg/kg（保温）
锌≤	150
铅≤	50
铬≤	50
砷≤	20
滴滴涕≤	0.02
六六六≤	0.5

4 检验方法

4.1 水质检验

按 GB 11607 规定的检验方法进行。

4.2 底质检验

4.2.1 总汞按 GB/T 17136 的规定进行。

4.2.2 铜、锌按 GB/T 17138 的规定进行。

4.2.3 铅、镉按 GB/T 17141 的规定进行。

4.2.4 铬按 GB/T 17137 的规定进行。

4.2.5 砷按 GB/T 17134 的规定进行。

4.2.6 六六六、滴滴涕按 GB/T 14550 的规定进行。

5 评价原则

5.1 无公害水产品的生产环境质量必须符合 GB/T 18407 的本部分的

规定。

5.2 取样方法依据不同产地条件，确定按相应的国家标准和行业标准执行。

5.3 检验结果的数值修约按 GB/T 8170 执行。

附录四
无公害食品 渔用药物使用准则

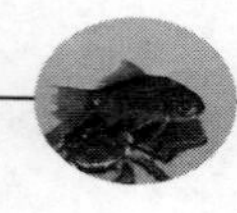

1 范围

本标准规定了渔用药物使用的基本原则、渔用药物的使用方法以及禁用渔药。本标准适用于水产增养殖中的健康管理及病害控制过程中的渔药使用。

2 规范性引用文件

下列文件中的条款通过本标准的引用而成为本标准的条款。凡是注日期的引用文件，其随后所有的修改单（不包括勘误的内容）或修订版均不适用于本标准，然而，鼓励根据本标准达成协议的各方研究是 否可使用这些文件的最新版本。凡是不注日期的引用文件，其最新版本适用于本标准。NY 5070 无公害食品水产品中渔药残留限量 NY 5072 无公害食品 渔用配合饲料安全限量

3 术语和定义

下列术语和定义适用于本标准。

3.1 渔用药物 fishery drugs

用以预防、控制和治疗水产动植物的病、虫、害，促进养殖品种健康生长，增强机体抗病能力以及改善养殖水体质量的一切物质，简称“渔药”。

3.2 生物源渔药 biogenic fishery medicines

直接利用生物活体或生物代谢过程中产生的具有生物活性的物质或从生物体提取的物质作为防治水产动物病害的渔药。

3.3 渔用生物制品 fishery biopreparate

应用天然或人工改造的微生物、寄生虫、生物毒素或生物组织及其代谢产物为原材料，采用生物学、分子生物学或生物化学等相关技术制成的、用于预防、诊断和治疗水产动物传染病和其他有关疾病的生物制剂。它的效价或安全性应采用生物学方法检定并有严格的可靠性。

3.4 休药期 withdrawal time

最后停止给药日至水产品作为食品上市出售的最短时间。

4 渔用药物使用基本原则

4.1 渔用药物的使用应以不危害人类健康和不破坏水域生态环境为基本原则。

4.2 水生动植物增养殖过程中对病虫害的防治，坚持“以防为主，防治结合”。

4.3 渔药的使用应严格遵循国家和有关部门的有关规定，严禁生产、销售和使用未经取得生产许可证、批准文号与没有生产执行标准的渔药。

4.4 积极鼓励研制、生产和使用“三效”（高效、速效、长效）、“三小”（毒性小、副作用小、用量小）的渔药，提倡使用水产专用渔药、生物源渔药和渔用生物制品。

4.5 病害发生时应对症用药，防止滥用渔药与盲目增大用药量或增加用药次数、延长用药时间。

4.6 食用鱼上市前，应有相应的休药期。休药期的长短，应确保上市水产品的药物残留限量符合 NY 5070 要求。

4.7 水产饲料中药物的添加应符合 NY 5072 要求，不得选用国家规定禁止使用的药物或添加剂，也不得在饲料中长期添加抗菌药物。

5 渔用药物使用方法

各类渔用药物的使用方法见表 1。

表 1 各类渔用药物使用方法

渔药名称	用途	用法与用量	休药期/d	注意事项
氧化钙（生石灰）calcii oxydum	用于改善池塘环境，清除敌害生物及预防部分细菌性鱼病	带水清塘：200～250 mg/L（虾类：350～400 mg/L）全池泼洒：20～25 mg/L（虾类：15～30 mg/L）		不能与漂白粉、有机氯、重金属盐、有机络合物混用
漂白粉 bleaching powder	用于清塘、改善池塘环境及防治细菌性皮肤病、烂鳃病、出血病	带水清塘：20 mg/L 全池泼洒：1.0～1.5 mg/L	≥5	1. 勿用金属容器盛装。2. 勿与酸、铵盐、生石灰混用
二氯异氰尿酸钠 sodium dichloroisocyanurate	用于清塘及防治细菌性皮肤溃疡病、烂鳃病、出血病	全池泼洒：0.3～0.6 mg/L	≥10	勿用金属容器盛装。
三氯异氰尿酸 trichloroisocyanuric acid	用于清塘及防治细菌性皮肤溃疡病、烂鳃病、出血病	全池泼洒：0.2～0.5 mg/L	≥10	1. 勿用金属容器盛装。2. 针对不同的鱼类和水体的 pH 值，使用量应适当增减

续表

渔药名称	用途	用法与用量	休药期/d	注意事项
二氧化氯 chlorine dioxide	用于防治细菌性皮肤病、烂鳃病、出血病	浸浴：20～40 mg/L，5～10 rain 全池泼洒：0.1～0.2 mg/L，严重时 0.3～0.6 mg/L	≥10	1. 勿用金属容器盛装。 2. 勿与其他消毒剂混用
二溴海因 dibromodimethvl hvdantoin	用于防治细菌性，和病毒性疾病	全池泼洒：0.2～0.3 mg/L		
氯化钠（食盐）sodium chioride	用于防治细菌、真菌或寄生虫疾病	浸浴：1%～3%，5～20 min		
硫酸铜（蓝矾、胆矾、石胆）copper sulfate	用于治疗纤毛虫、鞭毛虫等寄生性原虫病	浸浴：8 mg/L（海水鱼类：8～10 mg/L），15～30 min 全池泼洒：0.5～0.7 mg/L（海水鱼类：0.7～1.0 mg/L）		1. 常与硫酸亚铁合用。 2. 广东鲂慎用。 3. 勿用金属容器盛装。 4. 使用后注意池塘增氧。 5. 不宜用于治疗小瓜虫病
硫酸亚铁（硫酸亚铁、绿矾、青矾）ferrous sulphate	用于治疗纤毛虫、鞭毛虫等寄生性原虫病	全池泼洒：0.2 mg/L（与硫酸铜合用）		1. 治疗寄生性原虫病时需与硫酸铜合用。 2. 乌鳢慎用
高锰酸钾（锰酸钾、灰锰氧、锰强灰）potassium permanganate	用于杀灭锚头鳋 浸浴：10～20 mg/L，15～30 min	全池泼洒：4～7 mg/L		1. 水中有机物含量高时药效降低。 2. 不宜在强烈阳光下使用

续表

渔药名称	用途	用法与用量	休药期/d	注意事项
四烷基季铵盐络合碘（季铵盐含量为50%）	对病毒、细菌、纤毛虫、藻类有杀灭作用	全池泼洒：0.3 mg/L（虾类相同）		1. 勿与碱性物质同时使用。 2. 勿与阴性离子表面活性剂混用。 3. 使用后注意池塘增氧。 4. 勿用金属容器盛装
大蒜 crownt s treacle，garlic	用于防治细菌性肠炎	拌饵投喂：10～30 g/kg体重，连用4～6 d（海水鱼类相同）		
大蒜素粉（含大蒜素10%）	用于防治细菌性肠炎	0.2 g/kg体重，连用4～6 d（海水鱼类相同）		
大黄 medicinal rhubarb	用于防治细菌性肠炎、烂鳃	全池泼洒：2.5～4.0 mg/L（海水鱼类相同）拌饵投喂：5～10 g/kg体重，连用4～6 d（海水鱼类相同）		投喂时常与黄芩、黄柏合用（三者比例为5：2：3）
黄芩 raikai skullcap	用于防治细菌性肠炎、烂鳃、赤皮、出血病	拌饵投喂：2～4 g/kg体重，连用4～6 d（海水鱼类相同）		投喂时需与大黄、黄柏合用（三者比例为2：5：3）

续表

渔药名称	用途	用法与用量	休药期/d	注意事项
黄柏 amur corktree	用于防治细菌性肠炎、出血	拌饵投喂：3~6 g/kg体重，连用4~6 d（海水鱼类相同）		投喂时需与大黄、黄芩合用（三者比例为3：5：2）
五倍子 chinese sumac	用于防治细菌性烂鳃、赤皮、白皮、疖疮	全池泼洒：2~4 mg/L（海水鱼类相同）		
穿心莲 common andrographis	用于防治细菌性肠炎、烂鳃、赤皮	全池泼洒：15~20 mg/L 拌饵投喂：10~20 g/kg 体重，连用4~6 d		
苦参 lightyellow sophora	用于防治细菌性肠炎，竖鳞	全池泼洒：1.0~1.5 mg/L 拌饵投喂：1~2 g/蛞体重，连用4~6 d		
土霉素 oxytetracycline。	用于治疗肠炎病、弧菌病	拌饵投喂：50~80 mg/kg体重，连用4~6 d（海水鱼类相同，虾类：50~80 mg/妇体重，连用5~10 d）	≥30（鳗鲡）≥21（鲶鱼）	勿与铝、镁离子及卤素、碳酸氢钠、凝胶合用

续表

渔药名称	用途	用法与用量	休药期/d	注意事项
嘿喹酸 oxolinic acid	用于治疗细菌性肠炎病、赤鳍病，香鱼、对虾弧菌病，鲈鱼结节病，鲱鱼疖疮病	拌饵投喂：10～30 mg/kg 体重，连用 5～7 d（海水鱼类：1～20 mg/kg 体重；对虾：6～60 mg/kg 体重，连用 5 d）	≥25（鳗鲡）≥21（鲤鱼、香鱼）≥16（其他鱼类）	用药量视不同的疾病有所增减
磺胺嘧啶（磺胺哒嗪）sulfadiazine	用于治疗鲤科鱼类的赤皮病、肠炎病，海水鱼链球菌病	拌饵投喂：100 mg/kg 体重，连用 5 d（海水鱼类相同）		1. 与甲氧苄氨嘧啶（TMP）同用，可产生增效作用。 2. 第一天药量加倍
磺胺甲嘿唑（新诺明、新明磺）sulfamethoxazole	用于治疗鲤科鱼类的肠炎病	拌饵投喂：100 mg/kg 体重，连用 5～7 d ≥30		1. 不能与酸性药物同用。2. 与甲氧苄氨嘧啶（TMP）同用，可产生增效作用。3. 第一天药量加倍
磺胺间甲氧嘧啶（制菌磺、磺胺—6—甲氧嘧啶）sulfamonomethoxine	用于治疗鲤科鱼类的竖鳞病、赤皮病及弧菌病	拌饵投喂：50～100 mg/kg 体重，连用 4～6 d ≥37（鳗鲡）		1. 与甲氧苄氨嘧啶（TMP）同用，可产生增效作用。 2. 第一天药量加倍
氟苯尼考 florfenicol	用于治疗鳗鲡爱德华氏病、赤鳍病	拌饵投喂：10.0 mg/d。妇体重，连用 4～6 d	≥7（鳗鲡）	

续表

渔药名称	用途	用法与用量	休药期/d	注意事项
聚维酮碘（聚乙烯吡咯烷酮碘、皮维碘、PVP—1、伏碘）（有效碘 1.0%）povidone-iodine	用于防治细菌性烂鳃病、弧菌病、鳗鲡红头病。并可用于预防病毒病：如草鱼出血病、传染性胰腺坏死病、传染性造血组织坏死病、病毒性出血败血症	全池泼洒：海、淡水幼鱼、幼虾：0.2～0.5 mg/L 海、淡水成鱼、成虾：1～2 mg/L 鳗鲡：2～4 mg/L 浸浴：草鱼种：30 mg/L，15～20 min 鱼卵：30～50 mg/L（海水鱼卵：25～30 mg/L），5～15 min		1. 勿与金属物品接触。 2. 勿与季铵盐类消毒剂直接混合使用

注 1：用法与用量栏未标明海水鱼类与虾类的均适用于淡水鱼类。

注 2：休药期为强制性。

6 禁用渔药

严禁使用高毒、高残留或具有三致毒性（致癌、致畸、致突变）的渔药。严禁使用对水域环境有严重破 坏而又难以修复的渔药，严禁直接向养殖水域泼洒抗菌素，严禁将新近开发的人用新药作为渔药的主要或次要成分。

禁用渔药见表 2。

表 2　禁用渔药

药物名称	化学名称（组成）	别 名
地虫硫磷 fonofos	0-2 基一 S 苯基二硫代磷酸乙酯	大风雷
六六六 BHC（HCH）benzem. bexachloridge	1，2，3，4，5，6，六氯环己烷	
林丹 lindane。gammaxare′ gamma-BHC gamma -HCH	γ-1，2，3，4，5，6-六氯环己烷	丙体六六六
毒杀芬 camphechlor（IlSO）	八氯莰烯	氯化莰烯
滴滴涕 DDT	2，2 一双（对氯苯甚）-1，1，1-三氯乙烷。	
甘汞 calomel	二氯化汞	
硝酸亚汞 mercurous nitrate	硝酸亚汞	
醋酸汞 mercuric acetate	醋酸汞	
呋喃丹 carbofuran	2，3-二氢一 2，2-二甲基-7-苯并呋喃基一甲基氨基甲酸酯	克百威、大扶农
杀虫脒 chlordimeform	N-（2-甲基-4-氯苯基）N′，N′-二甲基甲脒盐酸盐	克死螨
双甲脒 amtraz	1，5-双-（2，4-二甲基苯基-3-甲基-1，3，5-三氮戊二烯一 1，4	二甲苯胺脒
氟氯氰菊酯 cyfluthrin	d-氰基-3-苯氧基-4-氟苄基（1R，3R）-3-（2，2-二氯乙烯基）-2，2-二甲基环丙烷羧酸酯	百树菊酯、百树得
氟氰戊菊酯 flucyth" nate	（R，S）-a-氰基-3-苯氧苄基-（R，S）-2-（4-二氟甲氧基）-3-甲基丁酸酯	保好江乌氟氰菊酯
五氯酚钠 PCP-Na	五氯酚钠	
孔雀石绿 malachite green	C23H25CIN2	碱性绿、盐基块绿、孔雀绿

附录五
无公害食品 水产品中有毒有害物质限量

1 范围

本标准规定了无公害水产品中重金属、有害元素、农药残量、生物毒素限量的要求、试验方法、检验规则。

本标准适用于捕捞及养殖的鲜、活水产品。

2 规范性引用文件

下列文件中的条款通过本标准的引用而成为本标准的条款。凡是注日期的引用文件，其随后所有的修改单（不包括勘误的内容）或修订版均不适用于本标准，然而，鼓励根据本标准达成协议的各方研究是否可使用这些文件的最新版本。凡是不注日期的引用文件，其最新版本适用于本标准。

GB/T 5009. 11 食品中总砷的测定方法

GB/T 5009. 12 食品中铅的测定方法

GB/T 5009. 13 食品中铜的测定方法

GB/T 5009. 15 食品中镉的测定方法

GB/T 5009. 17 食品中总汞的测定方法

GB/T 5009.18 食品中氟的测定方法

GB/T 5009.19 食品中六六六、滴滴涕残留量的测定方法

GB/T 5009.45 — 1996 水产品卫生标准的分析方法

GB/T 9675 海产食品中多氯联苯的测定方法

GB/T 12399 食品中硒的测定

GB/T 14962 食品中铬的测定方法

SN 0294 出口贝类腹泻性贝类毒素检验方法

SN 0352 出口贝类麻痹性贝类毒素检验方法

3 要求

水产品中有毒有害物质的限量见表 1。

表 1 水产品中有毒有害物质限量

项目	指标
汞（以 Hg 计），mg/kg	≤1.0（贝类及肉食性鱼类）
	≤0.5（其他水产品）
甲基汞（以 Hg 计），mg/kg	≤0.5（所有水产品）
砷（以 As 计），mg/kg	≤0.5（淡水鱼）
无机砷（以 As 计），mg/kg	≤1.0（贝类、甲壳类、其他海产品）
	≤0.5（海水鱼）
	≤1.0（软体动物）
铅（以 Pb 计），mg/kg	≤0.5（其他水产品）
镉（以 Cd 计），mg/kg	≤1.0（软体动物）
	≤0.5（甲壳类）
	≤0.1（鱼类）

续表

项目	指标
铜（以 Cu 计），mg/kg	≤50（所有水产品）
硒（以 Se 计），mg/kg	≤1.0（鱼类）
氟（以 F 计），mg/kg	≤2.0（淡水鱼类）
铬（以 Cr 计），mg/kg	≤2.0（鱼贝类）
	≤100（鲐鱼类）
组胺，mg/100 g	≤30（其他海水鱼类）
多氯联苯（PCBs），mg/kg	≤0.2（海产品）
甲醛	不得检出（所有水产品）
六六六，mg/kg	≤2（所有水产品）
滴滴涕，mg/kg	≤1（所有水产品）
麻痹性贝类毒素（DSP），μg/kg	≤80（贝类）
腹泻性贝类毒素（DSP），μg/kg	不得检出（贝类）

4 试验方法

4.1 汞的测定

按 GB/T 5009.17 中的规定执行。

4.2 甲基汞的测定

按 GB/T 5009.45 中的规定执行。

4.3 砷的测定

按 GB/T 5009.11 中的规定执行。

4.4　无机砷的测定

按 GB/T 5009.45 中的规定执行。

4.5　铅的测定

按 GB/T 5009.12 中的规定执行。

4.6　镉的测定

按 GB/T 5009.15 中的规定执行。

4.7　铜的测定

按 GB/T 5009.13 中的规定执行。

4.8　硒的测定

按 GB/T 12399 中的规定执行。

4.9　氟的测定

按 GB/T 5009.18 中的规定执行。

4.10　铬的测定

按 GB/T 14962 中的规定执行。

4.11　组胺的测定

按 GB/T 5009.45 — 1996 中 4.4 的规定执行。

4.12　多氯联苯的测定

按 GB/T 9675 中的规定执行。

4.13　甲醛的测定

按本标准附录 A 的规定执行。

4.14　六六六、滴滴涕的测定

按 GB/T 5009.19 中的规定执行。

4.15 麻痹性贝类毒素的测定

按 SN 0352 中的规定执行。

4.16 腹泻性贝类毒素的测定

按 SN 0294 中的规定执行。

5 检验规则

5.1 组批规则与抽样方法

5.1.1 组批规则

同一水产养殖场内，品种、养殖时间、养殖方式基本相同的养殖水产品为一批。

5.1.2 抽样方法

5.1.2.1 鲜、活水产品取样量见表 2。

表 2 鲜、活水产品取样量

批量 尾或只	取样量 尾或只
<500	2
501～1 000	4
1 001～5 000	10
5 001～10 000	20
≥10 000	30

5.1.2.2 鲜、活水产品取样方法：将鲜、活水产品（鱼、甲鱼、蟹、对虾等）洗净体表，取肌内（或可食部分），样品总量不得少于 200g。其中：鱼洗净，取样部位为背部肌肉、腹部肌肉及鱼皮；虾洗净，去头、去皮、去

肠腺（大型虾）后取肌肉；蟹洗净，去皮，取肌肉及生殖腺；甲鱼洗净，取可食部分；贝类洗净、去壳，取可食部分。

5.2 判定规则

5.2.1 水产品中所检的各项有毒有害物质指标均应符合标准要求。

5.2.2 所检指标中有一项不符合标准规定时，允许加倍抽样将此项指标复验一次，按复验结果判定本批产品是否合格。